ALICE
no País da
RELATIVIDADE

Teoria da Relatividade para o Ensino Médio

SÉRIE
A UNIVERSIDADE
indo à escola

GEOVÁ ALENCAR

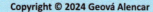

Copyright © 2024 Geová Alencar

Editores:
José Roberto Marinho
Victor Pereira Marinho

Editoração Eletrônica:
Horizon Soluções Editoriais

Projeto Gráfico:
Ricardo Renan Landim de Carvalho
Departamento de Física,
Universidade Federal do Ceará

Horizon Soluções Editoriais

Transcrição:
Arthur Menezes Lima
Anderson Alves
Ícaro Daniel Dias de Carvalho
Genivaldo Vasconcelos
Gustavo Franklin
João Macedo Cabral
Letícia de Carvalho Pontes Maranhão
Matheus Macêdo
Patrick Carneiro Portela
Pedro Henrique Ferreira de Oliveira

(Estudantes da Universidade Federal do Ceará)

Revisão Técnica:
Celio Rodrigues Muniz
Faculdade de Educação, Ciências e Letras de Iguatu,
Universidade Estadual do Ceará

Bruno Carneiro da Cunha
Departamento de Física, Universidade Federal
de Pernambuco

Daniel Ordine Vieira Lopes
Campus Formosa, Instituto Federal de Goiás

Gonzalo Olmo
Instituto de Física Corpuscular, Universidad de Valencia

Revisão Ortográfica:
Editora Livraria da Física

Capa:
Horizon Soluções Editoriais

Ilustrações:
Nathália Rebeca de Paiva Pinto

Figuras Técnicas:
Raimundo Rodrigues da Silva Filho

Coordenação:
Geová Alencar

Texto em conformidade com as novas regras ortográficas do Acordo da Língua Portuguesa.

Dados Internacionais de Catalogação na Publicação (CIP)
(Câmara Brasileira do Livro, SP, Brasil)

Alencar, Geová.

Alice no país da relatividade: teoria da relatividade no ensino médio / Geová Alencar. – 1. ed. – São Paulo: Livraria da Física, 2023. – (A universidade indo à escola)

Bibliografia.
ISBN 978-65-5563-322-1

1. Física (Ensino médio) 2. Gravitação 3. Relatividade (Física) 4. Relatividade geral (Física) I. Título.

23-149873   CDD–530.7

Índices para catálogo sistemático:

1. Física: Ensino médio   530.7

Eliane de Freitas Leite – Bibliotecária – CRB-8/8415

ISBN: 978-65-5563-322-1

Todos os direitos reservados. Nenhuma parte desta obra poderá ser reproduzida sejam quais forem os meios empregados sem a permissão do projeto "A Universidade Indo à Escola", na pessoa do coordenador Geová Alencar. Aos infratores aplicam-se as sanções previstas nos artigos 102, 104, 106 e 107 da Lei n. 9.610, de 19 de fevereiro de 1998.

Impresso no Brasil • *Printed in Brazil*

LF Editorial
Fone: (11) 2648-6666 / Loja (IFUSP)
Fone: (11) 3936-3413 / Editora
www.livrariadaisica.com.br | www.lfeditorial.com.br

CONSELHO EDITORIAL

Geová Maciel de Alencar Filho
Departamento de Física - UFC

Antonio Gomes de Souza Filho
Departamento de Física - UFC

Adriana Rolim Campos
Programa de Pós-Graduação em Ciências Médicas - UNIFOR

Mairton Cavalcante Romeu
Departamento de Física e Matemática- IFCE

Marcony Silva Cunha
Curso de Física - Universidade Estadual do Ceará

Makarius Oliveira Tahim
Universidade Estadual do Ceará

LIVROS DA COLEÇÃO

Geová Alencar
Departamento de Física, Universidade Federal do Ceará
Título: Alice no País da Relatividade
Subtítulo: Teoria da Relatividade Para o Ensino Médio

Yuri Brunello
Departamento de Letras Estrangeiras, Universidade Federal do Ceará
Título: Alice no País de Dante e Guimarães Rosa
Subtítulo: Teorias da Literatura para o Ensino Médio

Yuri Lima
Departamento de Matemática, Universidade Federal do Ceará
Título: Alice no País da Dinâmica
Subtítulo: Sistemas Dinâmicos para o Ensino Médio

Informações do Projeto

 universidadeindoaescola.fisica.ufc.br   @universidadeindoaescola

 www.youtube.com/@FisicaUFC   indoaescola@fisica.ufc.br

Dedicatória

*À minha filha Flora Alencar, por fazer florescer
o que há de melhor em mim e me fazer ver o mundo de outra forma.*

*Aos meus pais, Fátima e Geová, pelo exemplo de vida
e por sempre apoiarem meus planos e sonhos.*

*Aos meus irmãos e irmãs, amigos e amigas,
por todo apoio, desde sempre.*

* * *

Os anos de busca na escuridão por uma verdade que se sente, mas que não se pode exprimir, o intenso desejo e as alternâncias de confiança e desânimo até atingirmos a clareza e a compreensão só são conhecidos de quem os experimentou.

— Albert Einstein

Agradecimentos

PRIMEIRAMENTE, gostaria de agradecer aos meus queridos tios Manoel Dias da Fonseca e Iracema Serra Azul pela revisão ortográfica da primeira versão deste livro. Ao meu grande amigo e colaborador, Celio Rodrigues Muniz, pela primeira leitura minuciosa e todas as sugestões que, somente após implementadas, foram enviadas aos outros revisores. Aos revisores Bruno Carneiro Cunha, Daniel Vieira Lopes e Gonzalo Olmo. As sugestões enriqueceram bastante a física e a didática deste livro. Pelo novo template de LaTeX, gostaria de agradecer ao meu amigo e colaborador Ricardo Renan Landim de Carvalho.

Também gostaria de agradecer aos demais organizadores do projeto "A Universidade Indo à Escola" por sua dedicação e disponibilidade em colocar para frente esse projeto tão importante. São eles: Antônio Gomes de Souza Filho, Makarius Oliveira Tahim, Denise Cavalcante Hissa, Adriana Rolim Campos, Mairton Cavalcante Romeu, Allana Joyce Soares e Marcony Silva Cunha.

Também gostaria de agradecer aos meus estudantes, que transcreveram as aulas referentes à primeira edição deste livro, além de elaborarem e digitarem parte das questões. São eles: Anderson Alves, Ícaro Daniel Dias de Carvalho, Genivaldo Vasconcelos, Matheus Macêdo, e Arthur Menezes Lima.

Aos meus estudantes, que leram minuciosamente e encontraram as erratas da primeira edição, além de prepararem o gabarito. São eles: João Macedo Cabral, Letícia de Carvalho Pontes Maranhão e Patrick Carneiro Portela.

Finalmente, gostaria de agradecer a Alexandra Elbakyan e ao *Sci-Hub* por removerem todas as barreiras no caminho da ciência.

Prefácio à Segunda Edição

TENHO A SATISFAÇÃO de conhecer o prof. Geová Alencar de longa data, e poderia ser considerado suspeito para prefaciar esta 2a. Edição de "Alice no País da Relatividade – Teoria da Relatividade para o Ensino Médio". Mas como experimentei o prazer de ser um dos revisores da 1a. Edição – por sinal, coroada de êxito – sinto-me credenciado a fazer a apresentação deste novo e valoroso esforço editorial da Livraria da Física em levar conhecimento científico abalizado para esta nossa juventude tão curiosa e carente de bases sólidas para o necessário entendimento do mundo natural.

Também acompanhei a angústia do autor no nascedouro da obra em tentar traduzir cada conceito que as duas teorias da Relatividade produzem, bastante distantes de nossas intuições cotidianas de tempo, espaço, energia e matéria, para uma linguagem acessível ao público estudantil, sem descuidar do rigor e não pesando a mão, tudo sempre com bom humor, criatividade e cuidado com a exatidão, não esquecendo as necessárias aplicações a situações-problema muito bem postas. O prof. Geová, pesquisador ativo nessa vasta área de estudos, com ampla experiência em publicar textos voltados para o público especializado e orientar estudantes de pós-graduação em temas correlatos, percebeu que não é uma tarefa trivial tornar palatável a um público mais amplo tais ideias profundas e de largo alcance. Enfim, tornar respirável o gostoso ar fresco que circula no topo das cordilheiras aos que vivem em altitudes menores.

O esforço mais que valeu a pena, pois acredito que o autor foi bem sucedido nesse propósito e, mais do que isso, lançou novas bases para publicações desse gênero, elevando a um novo patamar tais iniciativas, as quais doravante não deverão se limitar à mera narrativa, que é necessária mas não suficiente para a elucidação do pensar e do fazer científicos, principalmente em se tratando da Física. A linguagem matemática é imprescindível, e os divulgadores que se pretendem sérios terão o desafio de inverter o que disse o grande Stephen

Hawking a propósito do seu *best seller* "Uma Breve História do Tempo": Cada equação introduzida deveria reduzir pela metade o número de leitores. O prof. Geová nos faz crer que chegará um tempo, não muito distante no futuro, em que a inclusão de cada expressão matemática dobrará o número de leitores. Contando que esteja acompanhada de uma boa prosa...

Celio Rodrigues Muniz | Faculdade de Educação, Ciências e Letras de Iguatu, Universidade Estadual do Ceará

Prefácio

O PRINCÍPIO DA RELATIVIDADE é uma peça fundamental na Física. Foi enunciado originalmente por Galileo Galilei após fazer uma série de experimentos encaminhados a compreender as propriedades básicas do movimento dos corpos mais simples, idealizados como partículas pontuais. Essas partículas podem ser interpretadas também como observadores, pessoas que podem observar o que acontece no universo e trocar informações entre elas. Esse princípio fala da impossibilidade de discriminar entre observadores inerciais, aqueles que têm velocidades relativas constantes. Um observador que aparece em repouso não tem mais privilégios que outro que aparece com velocidade constante com respeito de nós. Os dois fornecem descrições equivalentes do universo.

Albert Einstein usou esse princípio da relatividade para reformular as leis da Física quando as velocidades dos observadores são próximas a velocidade da luz, encontrando assim uma interpretação satisfatória para os experimentos realizados por Michelson e Morley no final do século XIX, os quais indicavam que todos os observadores inerciais, em repouso ou não, observam que a luz se propaga a uma velocidade constante. Assim nasceu no ano 1905 a teoria da Relatividade Especial (ou Restrita). A extensão dessa teoria para incluir os efeitos da gravidade demorou mais alguns anos de intenso trabalho, mas Einstein conseguiu em Novembro de 1915. Essa nova teoria, a Relatividade Geral, não só conseguiu descrever com sucesso os movimentos celestiais e a estrutura das estrelas e do universo como um todo (a cosmologia), também conseguia representar as equações da Física numa maneira que elimina as discriminações entre observadores: qualquer observador/pessoa pode descrever o universo e encontrar um jeito de comunicar essas informações a outros observadores. O conhecimento não está restringido a uns poucos ou a algumas famílias. Os observadores em repouso ou com velocidade constante não têm mais privilégios que aqueles que têm movimentos acelerados de qualquer tipo. Todos são equivalentes aos olhos da Física, pois a discriminação é crime, e a natureza não entende de preconceitos.

As contribuições feitas por Einstein foram fundamentais para o desenvolvimento da Física do século XX e ainda são muito relevantes no século XXI. Mas a importância dos conceitos e as metodologias de Einstein ultrapassam os limites da Física. Einstein nos fez pensar na relevância da perspectiva dos outros, em como os outros percebem o que nós observamos. A sociedade avança nessa mesma direção e progride quando exige que os observadores, as pessoas que experimentam e descrevem o universo, possam ser observadoras, com género feminino, sim. Os observadores já não são mais simples pontos, são diversos. O livro que você tem nas suas mãos é consciente dessa realidade, e usa esse elemento com grande habilidade para apresentar a relatividade de uma forma inovadora, acessível, e nas palavras de pessoas jovens que querem entender melhor como funciona o mundo ao nosso redor. Os observadores, os futuros pesquisadores, também podem ser pessoas jovens como você.

Uma das lições mais importantes da Teoria da Relatividade de Einstein é que o espaço e o tempo não podem ser considerados mais como entes independentes. A universalidade da velocidade da luz exige que espaço e tempo devem se misturar numa nova estrutura chamada espaço-tempo para poder interpretar a realidade do jeito certo. A beleza da teoria só pode ser assimilada na sua totalidade quando um consegue entender sua estrutura matemática. Esse livro abre caminho nessa direção, e fornece uma aproximação à relatividade por meio de matemática básica, apta para qualquer pessoa com uma formação própria do ensino médio. Sim, você também pode entender a relatividade. E pode começar a compreender alguns detalhes que vão além das palavras e entram no espaço das matemáticas (elementares). Muitos pensadores acham que a matemática é a linguagem da natureza. Será que a relatividade está nos pedindo que misturemos as palavras com a matemática para nos aproximar a uma linguagem mais universal? Será que essa linguagem verbal-matemática é o análogo do espaço-tempo da relatividade? A Física progrediu muito no último século ao abraçar o rigor da linguagem matemática no seu discurso. O professor Geová Alencar faz um grande esforço nesse intento de aproximar a linguagem da natureza à linguagem comum da próxima geração de jovens que hoje se encontram no ensino médio. Tenho certeza de que esse livro não só abre o caminho para os mais jovens entenderem as propriedades e implicações de misturar espaço e tempo, mas também representa um degrau fundamental para eles se aproximarem a essa linguagem mais universal própria da ciência do século XXI. Não sinta medo de lidar com matemática nessa leitura das aventuras de Alice no país da relatividade, os detalhes que essas fórmulas fornecem também são relativos.

Gonzalo Olmo | Instituto de Física Corpuscular, Universidade de Valencia

Sumário

I   Relatividade Restrita

1   O que é uma Lei da Física? 21

1.1 Século XVII: Galileu e a Revolução Científica 21
- 1.1.1 O Mundo Sublunar 21
- 1.1.2 Revolução Científica 23
- 1.1.3 O Plano Inclinado 24

1.2 O Estado Natural dos Corpos 25
- 1.2.1 O Princípio da Inércia 25
- 1.2.2 Movimento Uniforme 27
- 1.2.3 Volta ao Mundo em 80 horas 30
- 1.2.4 Movimento Retilíneo e Viagem Interestelar 33

1.3 Princípio da Relatividade de Galileu 35
- 1.3.1 O Princípio da Relatividade 36
- 1.3.2 As Transformações de Galileu 37

1.4 Galileu e O Espaço-Tempo Absoluto 38
- 1.4.1 Soma de Velocidades 38
- 1.4.2 Velocidade da Terra no Éter? 39
- 1.4.3 Espaço e Tempo Absolutos 40

1.5 Huygens: Centro de Massa e Conservação de Momento e Energia 42
- 1.5.1 Colisão de Corpos Idênticos 42
- 1.5.2 $E=mc^2$ e Centro de Massa 46

1.6	**A Ruína da Física Aristotélica**	**48**
1.6.1	Queda dos Corpos e o Princípio da Equivalência	48
1.6.2	Universalidade das Leis da Física	50
1.6.3	O Erro de Galileu: Referenciais não Inerciais e o Pêndulo de Foucault	51
1.6.4	O que é uma Lei da Física?	52

2 Einstein e o Viajante do Tempo 55

2.1	**O Sonho de Einstein e o Experimento de Michelson – Morley**	**55**
2.1.1	Maxwell e a Velocidade da Luz	56
2.1.2	Em que meio a Luz se propaga	56
2.2	**Einstein e Relatividade Restrita**	**58**
2.2.1	Postulados da Relatividade	58
2.2.2	Dilatação do Tempo	60
2.3	**O Experimento de Hafele e Keating e o GPS**	**62**
2.3.1	Prática com γ	63
2.3.2	O Voo do Relógio de Césio	65
2.3.3	O GPS e a Relatividade	68
2.4	**Mensagem das Estrelas e a Contração do Espaço**	**71**
2.4.1	Contração do Espaço	75
2.5	**Viagem Interestelar**	**78**
2.5.1	Viagem Interestelar	78
2.5.2	Viagem para o Futuro e o Paradoxo dos Gêmeos	80

3 $E=mc^2$ e a Física de Partículas 85

3.1	**Quantidade de Movimento da Luz e $E=mc^2$**	**85**
3.1.1	O Momento da Luz e o Voo de Ícaro	86
3.1.2	Einstein e a Origem de $E=mc^2$	86
3.2	**Viagem ao Centro do Sol**	**89**
3.2.1	$E=mc^2$ e a Bomba Atômica	91
3.2.2	Poeira das Estrelas	92
3.3	**César Lattes e Leite Lopes: Caçadores de Partículas**	**96**
3.3.1	A Descoberta da Antimatéria	96
3.3.2	Leite Lopes e a Força Fraca	98
3.3.3	César Lattes e a Força Forte	103

4 O Mundo Quadridimensional 109

4.1	**As Transformações de Lorentz**	**109**
4.1.1	Dilatação do Tempo e Contração do Espaço	111
4.1.2	Soma Relativística de Velocidades	112

4.1.3	O Experimento de Fizeau	115
4.2	**Simultaneidade e a Fuga da Millenium Falcon**	**117**
4.2.1	Ao Mesmo Tempo para Quem?	117
4.2.2	R2D2 sabe Relatividade	119
4.3	**"A Fundação" e o Sistema de Posicionamento Via Lácteo**	**121**
4.3.1	Mapeando a Galáxia	121
4.3.2	Causalidade e a Paz Galática	124
4.4	**O Amálgama do Espaço e do Tempo**	**131**
4.4.1	Algo não é Relativo na Relatividade	132
4.4.2	A Métrica de Minkowski	136
4.4.3	Intervalo de Espaço, Tempo e Luz	139

II Relatividade Geral

5 O Eclipse que Revelou o Universo — 145

5.1	**Caio, Logo Existo**	**145**
5.1.1	Objetos Diferentes, Movimentos Iguais?	145
5.1.2	Newton e o Foguete de Einstein	147
5.1.3	A Gravidade sempre ganha	153
5.2	**A Dilatação Gravitacional do Tempo**	**155**
5.2.1	O Princípio da Equivalência de Einstein	155
5.2.2	Massa, só tem uma!	157
5.2.3	Dilatação Gravitacional do Tempo e o Desvio para o Vermelho	159
5.3	**A Curvatura da Luz**	**162**
5.3.1	1907: A Curvatura da Luz na Terra	162
5.3.2	1911: A curvatura da Luz pelo Sol	163
5.3.3	O Erro de Einstein	167
5.4	**Sobral, a Janela do Universo**	**169**
5.4.1	O Eclipse que Iluminou a Ciência	169
5.4.2	Newton e Einstein: duas Estrelas no Céu da Física	170
5.4.3	O Experimento de Hafele-Keating	172
5.4.4	O Projeto Ceará Relativístico	175

6 O Santo Graal da Física — 177

6.1	**Ao Infinito e Além**	**177**
6.1.1	A Métrica do Tempo	178
6.1.2	A Métrica do Espaço	180

6.2	**A Equação de Einstein**	**182**
6.2.1	A Métrica do Espaço-Tempo	182
6.2.2	O Palpitar do Coração	183
6.3	**Física de Buracos Negros**	**186**
6.3.1	A Métrica de Schwarzschild	186
6.3.2	Viagem ao Centro do Buraco Negro	191
6.3.3	Que se desfaça a Luz	194
6.4	**Duas Nuvens no Céu da Física**	**197**
6.4.1	Ondas gravitacionais e Buracos Negros Supermassivos	197
6.4.2	Cosmologia e Gravitação Quântica	201

Apêndices 209

A Paradoxos da Relatividade 209

A.1	**Uma nova solução para o paradoxo dos gêmeos**	**209**
A.2	**Paradoxos da Contração**	**213**
A.2.1	Paradoxo da madeira relativística	213
A.2.2	A guilhotina emperrada	215
A.3	**Exercícios-Desafio**	**216**

Respostas dos Exercícios 221

Referências 226

Relatividade Restrita

1   O que é uma Lei da Física? 21

1.1   Século XVII: Galileu e a Revolução Científica 21
1.2   O Estado Natural dos Corpos 25
1.3   Princípio da Relatividade de Galileu 35
1.4   Galileu e O Espaço-Tempo Absoluto 38
1.5   Huygens: Centro de Massa e Conservação de Momento e Energia 42
1.6   A Ruína da Física Aristotélica 48

2   Einstein e o Viajante do Tempo 55

2.1   O Sonho de Einstein e o Experimento de Michelson – Morley 55
2.2   Einstein e Relatividade Restrita 58
2.3   O Experimento de Hafele e Keating e o GPS 62
2.4   Mensagem das Estrelas e a Contração do Espaço . . 71
2.5   Viagem Interestelar 78

3 $E=mc^2$ e a Física de Partículas 85

3.1   Quantidade de Movimento da Luz e $E=mc^2$ 85
3.2   Viagem ao Centro do Sol 89
3.3   César Lattes e Leite Lopes: Caçadores de Partículas 96

4   O Mundo Quadridimensional 109

4.1   As Transformações de Lorentz 109
4.2   Simultaneidade e a Fuga da Millenium Falcon 117
4.3   "A Fundação" e o Sistema de Posicionamento Via Lácteo 121
4.4   O Amálgama do Espaço e do Tempo 131

1. O que é uma Lei da Física?

Em 1905, Einstein reafirma o princípio da relatividade de Galileu para fundar a teoria da Relatividade Restrita. Esse princípio também serviu para que Newton formulasse suas leis. Como surgiu esse princípio? Isso se deu ainda no período da revolução científica, que estabeleceu novas bases para o conhecimento. Era uma época de perguntas tão fundamentais como: o que é uma lei da física? Um dos personagens centrais dessa revolução foi Galileu Galilei e sua ideia de que qualquer lei ou ideia deve ser testada experimentalmente. Com isso e um "simples" plano inclinado, ele elaborou a lei da inércia, o seu princípio da relatividade e a lei da queda dos corpos. Esta última também serviu de partida para Einstein fundar a Teoria da Relatividade Geral. Por que essas descobertas foram tão importantes para Einstein? De fato, somente titãs da física, como Einstein e Newton, compreenderam que as respostas de Galileu para a pergunta acima estão no cerne de qualquer lei da física. Só será possível compreender Einstein se compreendermos as bases de Galileu, em que ele se apoiou. Portanto, Einstein certamente concordava com Newton quando ele dizia sobre Galileu e seus contemporâneos: "se vi mais longe foi porque me apoiei em ombros de gigantes".

1.1 Século XVII: Galileu e a Revolução Científica

1.1.1 O Mundo Sublunar

PARA entender a importância do que Galileu fez é preciso ver o panorama da física em sua época. A visão de mundo predominante era aristotélica e foi desenvolvida 1800 anos antes de Galileu. Então, o que era essa fí-

Capítulo 1. O que é uma Lei da Física?

sica de Aristóteles? Aristóteles foi um grande filósofo e o primeiro a dividir as grandes áreas do saber: Lógica, Filosofia, Biologia, Física e contribuiu significativamente para muitas delas [1].

A física de Aristóteles era o que podemos chamar de empírico-contemplativa. Por exemplo, um observador na superfície da Terra a vê parada e todos os corpos celestes giram em círculos. Para ele, portanto, a Terra está imóvel no centro do universo e todos os corpos celestes giram ao seu redor. Ele dava alguns exemplos: imagine que a Terra estivesse em movimento, seja de rotação ou qualquer outro. Se não houvesse vento e eu atirasse uma flecha para cima, então a flecha cairia não nos meus pés, mas atrás de mim, devido ao movimento da Terra. Segundo Aristóteles, a flecha se "descolaria" da Terra e, assim, ficaria para trás. E quanto à rotação da Terra? Se ela estivesse em movimento de rotação, os corpos seriam atirados para longe. Aristóteles argumenta que isto pode ser facilmente visto ao se pegar uma roda ou mesa, com objetos em cima, e girarmos. Isso arremessaria os objetos para fora e a Terra não poderia ter movimento de rotação.

Aristóteles afirmava ainda que o estado natural dos corpos era o repouso. Ele argumentava com exemplos do cotidiano: ao deixar de se aplicar uma força, os corpos sempre param. E esses objetos ficam parados onde? Ele argumenta que, quando os soltamos, eles param no chão. A conclusão dele é que a tendência natural de todos os corpos é estarem parados no centro da Terra. Outra afirmação feita por ele é que, ao se soltar dois corpos, um leve e um pesado, "obviamente" o pesado irá cair mais rápido. Ele usava o exemplo de uma bola de aço, que cai mais rápido que uma folha. Ele afirmava ainda que a velocidade da queda é constante e proporcional à quantidade de matéria.

Aristóteles observou também que as estrelas estão sempre se movendo. Logo, diferentemente do que ocorre na Terra, o estado natural dos corpos celestes é em movimento perpétuo. Com isso ele propôs a existência da esfera celeste e do mundo sublunar. As leis que regem o movimento de objetos nos céus são diferentes das leis dos objetos na Terra. Como dissemos antes, a física de Aristóteles é uma física contemplativa. A igreja católica, posteriormente, tomou essas ideias como doutrina já que, segundo sua visão, as leis celestiais diferem das terrenas. Dessa forma, a física transformou-se em dogmas que não podiam ser questionados. Isso pode ter atrasado o conhecimento das leis da natureza. Todavia, alguns dizem exatamente o contrário: embora como doutrina, as leis aristotélicas foram divulgadas no planeta inteiro e possuem muito da lógica científica. Logo, apesar das conclusões serem incorretas, foram amplamente divulgadas e preservadas pela igreja durante a idade média. Não à toa, a revolução científica ocorreu em locais onde circulavam essas ideias. É interessante notar ainda que a física aristotélica é a física do senso-comum, da contemplação e, portanto, é bastante intuitiva. Talvez esse também tenha sido um motivo de perdurar por tantos séculos. Um bom debate!

1.1 Século XVII: Galileu e a Revolução Científica

O primeiro a contestar as ideias de Aristóteles experimentalmente foi Galileu Galilei. Veremos nesse capítulo como chegou a conclusões abstratas, estranhas e não intuitivas.

> **Exercício 1.1** Escolha a afirmativa correta. Segundo a visão de Aristóteles: **a)** A física deveria ser experimental. **b)** As leis da física são universais. **c)** A Terra está em movimento. **d)** Corpos mais pesados caem mais rápido. ■

> **Exercício 1.2** Marque a alternativa correta. O que NÃO faz parte da física Aristotélica? **a)** O estado natural dos corpos é o repouso. **b)** Objetos mais pesados caem mais rápido. **c)** A Terra e os corpos celestes estão todos parados. **d)** A Terra está imóvel no centro do universo. ■

1.1.2 Revolução Científica

Neste cenário surge a revolução científica, da qual Galileu foi um dos fundadores. Francis Bacon e René Descartes também discutiram bastante sobre como deve ser o método científico. Como se deve construir o conhecimento? Fizeram muitas críticas à visão Aristotélica. Descartes, numa sequência de dúvidas filosóficas sobre a realidade, afirmou que a única certeza que podemos ter é da realidade do próprio pensamento. Chegou assim à sua famosa frase: "Penso, logo existo" [1]. O século XVI foi, então, um momento de ebulição e surgiram muitas novas formas de pensar. No meio disso tudo, podemos dizer que Galileu foi quem, primeiro, colocou em prática a seguinte ideia: para cada afirmação feita sobre a natureza, deve ser feito um teste experimental. Ele fundou, assim, a física experimental e a Ciência moderna. No seu livro "Diálogo sobre os dois principais sistemas do mundo", Galileu descreve como ficava impressionado com a postura geral das pessoas em aceitar verdades sem testá-las. Mesmo para fatos simples, que podem ser testados até mesmo em casa, as pessoas diziam que é sua "opinião" ou aceitavam argumentos alheios sem contestá-los.

Qual é a dificuldade de se testar o que tal pessoa está falando? Apesar de parecer simples, a ideia de testar afirmações foi bastante revolucionária! A prática comum de antes de Galileu era a argumentação e não se tinha pensado nisso ainda. Como ninguém pensou nisso antes?! Isso lembra a história do ovo de Colombo: em uma mesa, jantando com o rei, afirmaram que descobrir as Américas não era difícil. Bastava navegar e alguém poderia ter chegado lá antes. Então Colombo pegou um ovo e desafiou todos a equilibrarem-no pela ponta. Ninguém conseguiu.

Então ele pegou o ovo, deu uma pequena batida e quebrou um pouquinho da ponta, conseguindo assim o equilibrar. Todos disseram que era óbvio. Ele rebateu que, após se saber a resposta a um problema, esta se torna óbvia. Embora Galileu tenha sido crucial para a revolução científica, diversos outros colaboraram, como Nicolau Copérnico e Giordano Bruno, que, inclusive, foi queimado na fogueira da inquisição por suas ideias revolucionárias. Uma curiosidade é que Giordano Bruno foi o primeiro a afirmar a possibilidade da vida em outros planetas.

Galileu começou, então, a se perguntar: o estado natural de um corpo é parado, como afirmou Aristóteles? Em queda livre, corpos mais pesados caem com velocidade maior? Mais do que se perguntar, ele elaborou formas de testar experimentalmente se isso era verdade. Começa assim nossa decolagem para o conhecimento científico, que nos levará por aventuras inimagináveis, como a existência de buracos negros, buracos de minhoca, ondas gravitacionais e muitas outras descobertas incríveis. Estas não seriam possíveis sem a simples atitude de Galileu: vamos testar e descobrir se uma opinião corresponde à realidade?

Exercício 1.3 Por que Galileu é considerado o pai da Ciência moderna? **a)** Ele criou o relógio. **b)** Foi o primeiro a colocar em prática testes experimentais para fundamentar o conhecimento. **c)** Inventou o plano inclinado. **d)** Afirmou existir vida em outros planetas.

1.1.3 O Plano Inclinado

Galileu queria testar as afirmações de Aristóteles. Na época, sequer existiam relógios mecânicos e, para medir o tempo, Galileu utilizou um relógio de água. Começou testando as afirmações sobre queda dos corpos. Porém, ao se soltar uma pedra, ela se desloca muito rápido. Como medir algo com um tempo de queda de menos de um segundo, com um relógio de água? Daí começa a genialidade de Galileu. Ele

1.2 O Estado Natural dos Corpos

teve a ideia de observar o movimento de um corpo em um plano inclinado. A queda continua a ocorrer, mas de forma mais lenta, possibilitando as medições. Com esse simples experimento Galileu descobriu o princípio da relatividade, da inércia, além da lei da queda dos corpos. Com isso determinou todas as bases da física e também das Teoria da Relatividade Restrita e Geral de Einstein quase 300 anos depois!

> **Exercício 1.4** Considere uma determinada altura de onde será largada uma pequena esfera, e que o tempo de reação humana é de 0,3 s. Devido a isso, qual seria o erro experimental para a medida do tempo de queda, nos seguintes casos: **a)** Vertical, em queda livre, em que o tempo é 1s. **b)** Em um plano inclinado com tempo de 10 s.

1.2 O Estado Natural dos Corpos

Após conceber o experimento do plano inclinado, Galileu pôs-se a testar as afirmações de Aristóteles sobre as leis da física. Dentre elas está a afirmação de que o estado natural dos corpos é o repouso. Nesta seção veremos as conclusões de Galileu.

1.2.1 O Princípio da Inércia

O experimento-base para o princípio da inércia envolvia uma pequena bola descendo por um plano inclinado com uma superfície polida, de modo a minimizar o atrito. Se, após a descida pelo plano, for colocado à frente do objeto em movimento outro plano inclinado, até onde a bola subirá? Para isso Galileu considerou diversas inclinações para ambos os planos inclinados.

Existe algum tipo de padrão? Se, no primeiro plano, o bloco é solto a uma distância d, a distância percorrida no segundo plano também será d?

Seriam os tempos de subida e descida os mesmos? Após inúmeros experimentos Galileu chegou a uma conclusão: se o bloco é abandonado no primeiro plano de uma altura h, ele acabará por subir no segundo plano a uma mesma altura h. Isso independe das inclinações de ambos. Esse fato é tão simples que sugerimos ao leitor

Figura 1.1 – Experimento do Princípio da Inércia

repetir esse experimento em casa. As consequências desse fato são profundas e nele residem os princípios da inércia e da Relatividade. Vejamos como.

Após obter seu resultado experimental, Galileu se pôs a refletir sobre suas consequências. Imagine que diminuímos a inclinação do segundo plano inclinado. Se fizermos isso, a fim de alcançar a altura h, a bolinha deve andar uma distância d maior, como na Figura 1.1. Com isso, quanto mais diminuirmos a inclinação do segundo plano, mais longe irá a bolinha. Galileu, então, se perguntou: se diminuirmos sua inclinação de modo a deixá-lo horizontal, onde irá parar a bolinha? Ele mesmo deu a resposta: após descer o primeiro plano, ela sempre tentará atingir uma altura h. Como isso não ocorre, pois o segundo plano está na horizontal, ela se movimentará indefinidamente. Como a bola não tem onde subir, realizará seu movimento horizontal e uniforme enquanto não sofrer interferência externa sobre seu movimento.

Dessa forma, Galileu descobre o princípio da Inércia, que posteriormente Newton usará como a primeira lei da dinâmica:

"Todo corpo continua em seu estado de repouso ou de movimento uniforme em uma linha reta, a menos que seja forçado a mudar aquele estado por forças aplicadas sobre ele."

Como dissemos antes, Aristóteles afirmava que o estado natural de todos os corpos era o repouso. Isso é o que observamos no nosso cotidiano e o que parece ser intuitivo. Galileu mostrou que essa afirmação de Aristóteles não corresponde à realidade. Começa assim a ruir o castelo de Aristóteles. O estado natural dos corpos é em repouso ou movimento retilíneo uniforme. Algo estranho de se imaginar, ainda mais no século XVII. Todavia, como descrevemos matematicamente um movimento uniforme? Vamos nos ater a isso antes de dar seguimento às descobertas de Galileu. Somente com uma descrição matemática poderemos dar voos cada vez mais altos na nossa jornada pelo conhecimento.

> **Exercício 1.5** Galileu formulou o princípio da Inércia. Sobre isso, marque a alternativa correta. **a)** O Sol é o centro do sistema solar. **b)** O estado de repouso ou movimento uniforme de um corpo só muda se algo forçá-lo a isso. **c)** Corpos mais pesados caem mais rápido na superfície da Terra. **d)** O estado natural dos corpos é o repouso.

1.2 O Estado Natural dos Corpos

1.2.2 Movimento Uniforme

Nesta seção vamos entender o que significa "movimento uniforme", que aparece no princípio da inércia. Esse tipo de movimento também estará bastante presente na teoria da Relatividade Restrita. Daremos, então, uma atenção especial a ele. Primeiramente vamos considerar uma velocidade escalar em movimentos quaisquer, como movimento circular. Posteriormente iremos considerar os movimentos retilíneos do princípio da inércia.

1.2.2.1 Trajetória e Eventos

Para descrever o movimento dos corpos, precisamos determinar sua posição a cada instante. Claro, a posição de um objeto sempre depende de um sistema de coordenadas, a partir do qual medimos essa posição. A origem, ou o "0", pode ser escolhido arbitrariamente. Por exemplo, a rodoviária de Fortaleza, no Ceará, ou o topo do plano inclinado usado por Galileu. A trajetória é descrita pelo par (t,s), onde t é o instante de tempo em que o objeto está na respectiva posição s, que é a medida da distância até essa origem. Dizemos que s é uma função de t e chamamos $s(t)$ a função horária da posição.

Na Figura 1.2 damos um exemplo. Um ônibus parte da cidade do Pecém e faz paradas em Fortaleza, Messejana e Cascavel. Em cada parada o passageiro olha no relógio e os instantes de tempo são descritos na figura. Por exemplo, quando o passageiro olha seu relógio às 14 h, o ônibus está na cidade de Cascavel, que fica na posição $s(14\,\text{h}) = 70$ km. Note que a posição do Pecém é negativa, pois colocamos a origem em Fortaleza e pela orientação escolhida. A posição pode, portanto, ser positiva ou negativa, dependendo do nosso sistema de coordenadas.

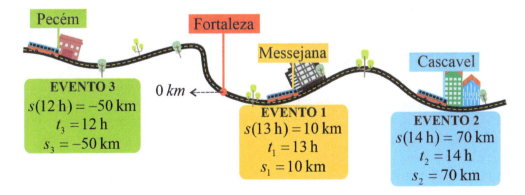

Figura 1.2 – Função horária da posição

Capítulo 1. O que é uma Lei da Física?

Para simplificar nossa notação, se os tempos em que nosso objeto passou pelos pontos 1 e 2 forem chamados de t_1 e t_2, chamamos as respectivas posições de:

$$s_1 \equiv s(t_1); \quad s_2 \equiv s(t_2).$$

O símbolo "$\equiv$", acima, significa "definido por". Na nossa figura temos os pares $(t_1 = 13\text{ h}, s_1 = 10\text{ km}), (t_2 = 14\text{ h}, s_2 = 70\text{ km})$ e $(t_3 = 12\text{ h}, s_3 = -50\text{ km})$. De fato, e já introduzindo a nomenclatura de Einstein, a qualquer fenômeno que ocorra em um par (t, s) chamaremos um "evento". Na figura, o evento 1 é a parada do ônibus na rodoviária de Messejana na posição 10 km, às 13 h, e assim sucessivamente. Apesar de não ser uma linguagem comum nos livros do ensino médio, vamos usá-la para que nos habituemos quando abordarmos a teoria da Relatividade Restrita.

Com nossas definições, podemos encontrar a distância e o tempo totais entre dois eventos. Por exemplo, sejam os eventos 1 e 2, teremos:

$$\Delta s \equiv s_2 - s_1; \quad \Delta t \equiv t_2 - t_1$$

A notação acima, com uso de "Δ" significando "diferença", será amplamente utilizada. Significou, acima, as diferenças de posições e de instantes de tempo. Mais à frente usaremos como diferença qualquer, como diferença entre velocidades. Para os eventos 1 e 2 da figura, teremos, portanto, $\Delta s = 60$ km; $\Delta t = 1$ h.

> **Exercício 1.6** Considere a Figura 1.2. Determine a distância e o intervalo de tempo entre os eventos: **a)** 1 e 3; **b)** 2 e 3. ∎

> **Exercício 1.7** Um outro passageiro prefere colocar a origem ($s = 0$), do sistema de coordenadas, no evento 2. **a)** Quais são as posições dos eventos 1 e 3 nesse novo sistema? **b)** A distância e o intervalo de tempo entre os eventos se modificam? ∎

1.2.2.2 Velocidade Escalar

Que outras quantidades são importantes para descrever o movimento? Imagine a seguinte situação: partindo de sua cidade natal, você precisa fazer viagens para diversas cidades dentro de seu Estado. Sabendo a distância até todas elas, é possível saber, aproximadamente, quanto tempo de viagem você vai demorar? A quantidade importante nesse caso é a velocidade. Ela é definida como a taxa de variação

$$V(t) = \frac{\text{distância percorrida}}{\text{intervalo de tempo}} = \frac{\Delta s}{\Delta t}. \tag{1.1}$$

1.2 O Estado Natural dos Corpos

Colocamos a velocidade como uma função do tempo pois, é claro, ela pode mudar a cada instante tempo. Também não estamos considerando movimento em linha reta, como no princípio da inércia. Todavia, muitas vezes esses detalhes não são importantes e definimos a velocidade média:

$$V_{\text{média}} = \frac{\text{distância total percorrida}}{\text{intervalo de tempo total}}. \qquad (1.2)$$

Esse é o caso de nossas viagens. Para o ônibus da nossa figura, podemos ver que, entre quaisquer paradas, temos:

$$V_{\text{média}} = \frac{\Delta s}{\Delta t} = \frac{60km}{1h}. \qquad (1.3)$$

Note que nossa velocidade é descrita com as unidades de quilômetro dividido por hora, ou seja km/h. Apesar das mudanças na velocidade, em média o ônibus percorre 60 km a cada hora. Sabendo disso, nossa equação (1.3) nos dá

$$\Delta t = \frac{\Delta s}{60}h. \qquad (1.4)$$

Saberemos, então, em quanto tempo chegaremos em qualquer das cidades vizinhas.

> **Exercício 1.8** Usando a Eq. (1.2), calcule a velocidade média entre os eventos: **a)** 1 e 2; **b)** 3 e 1; **c)** 3 e 2. ∎

> **Exercício 1.9** A praia de Canoa Quebrada fica a 160 km de Fortaleza. Usando a Eq. (1.4), quanto tempo durará a viagem para lá? ∎

> **Exercício 1.10** Considerando ainda nossa viagem mostrada na Figura 1.2, quanto marca o relógio do passageiro quando ele passou por Fortaleza? ∎

Agora estamos prontos para considerar o caso em que a velocidade escalar é uniforme, ou seja, independente do tempo. Nesse caso, temos que V é constante na definição (1.1). Com isso podemos facilmente obter a nossa equação horária da posição. Temos:

$$V = \frac{\Delta s}{\Delta t} \to \Delta s = V\Delta t \to s_2 - s_1 = V \times (t_2 - t_1).$$

A fim de simplificar nossa expressão e obter a utilizada, usualmente, nos livros didáticos, vamos considerar $s_2 \equiv s(t), s_1 \equiv s_0, t_2 \equiv t, t_1 = 0$.

30 **Capítulo 1. O que é uma Lei da Física?**

Assim estamos escolhendo a origem do nosso tempo como sendo $t_1 = 0$. Finalmente obtemos a famosa fórmula "Sorvete":

$$s = s_0 + V t. \qquad (1.5)$$

Isso nos permite dizer que a posição cresce linearmente com o tempo, ou seja, distâncias iguais em tempos iguais; ela é linear porque só tem t, e não t^2 por exemplo.

1.2.3 Volta ao Mundo em 80 horas

Na seção anterior, analisamos o caso de distâncias e velocidades entre cidades vizinhas. E se quisermos tratar grandes distâncias, como o planeta inteiro? Em seu famoso livro "Volta ao Mundo em 80 dias", Júlio Verne descreve como Phileas Fogg vence uma aposta, feita com os amigos, de que daria uma volta ao mundo em 80 dias. Mas qual a distância percorrida D? Alice, após ler sobre Julio Verne, liga para seu amigo Bob, que está de férias na cidade de Natal, no Rio Grande do Norte:

A: – Olá Bob, tudo bem? Como está a viagem para Natal?
B: – Muito legal, ontem eu vi golfinhos no mar. Também li várias vezes o livro "Alice no País das Maravilhas" e lembrei de você. Virou meu livro favorito. Será que seu nome é por causa dela? E você, o que está fazendo das férias?
A: – Depois vou perguntar para os meus pais. Mas essa Alice do livro é bem maluca né?– Diz Alice, enquanto dá uma risada.
B: – Mas foi exatamente por isso que lembrei de você, que está sempre estudando física, filosofia e coisas que para mim parecem malucas.–Brinca Bob.

Alice ri do comentário do seu amigo e continua:

A: – Eu estou lendo o livro "Volta ao Mundo em 80 dias". Quero medir o raio da Terra para ver qual distância o personagem principal percorreu. Você pode me ajudar?
B: – Está vendo o que eu disse? Alice, você não está no país das maravilhas para crescer até "conseguir medir o tamanho da Terra!" – Fala Bob, enquanto dá uma risada, achando que Alice está brincando.

Após dizer isso, com sua fértil imaginação, Bob já lembra da cena do bolo no seu livro favorito. Ele não percebe, mas faz uma longa pausa, perdido em pensamentos. Alice comenta:

A: – Bob! Estou falando com você.
B: – Nossa, eu já estava imaginando você encontrando uma caixa escrita "coma-

1.2 O Estado Natural dos Corpos

me" e, ao comer o bolinho dentro, crescer de tal forma a conseguir medir o raio da terra com uma régua gigante.

A: – Quanta imaginação!– Comenta Alice dando uma longa gargalhada– Mas não precisamos de bolinho mágico e nem de réguas!

B: – Agora você me confundiu.

A: – Eu li que Eratóstenes, no século II antes de Cristo, determinou o raio da Terra. Vamos reproduzir o feito.

B: – Agora você está parecendo o chapeleiro maluco falando. Isso deve ser impossível.

A: – Que nada. Preciso que você observe quando o Sol estiver "a pino". Ou seja, quando não houver sombra em nenhum prédio na cidade de Natal. Nesse momento, estarei em Fortaleza – Ceará e observarei sombras nos prédios. Segundo Eratóstenes, a existência de sombra em Fortaleza se deve à curvatura da Terra. Ela, então, envia para Bob a Figura 1.3 e continua.

A: – Na figura, vemos que, se soubermos o ângulo θ da sombra em radianos, descobrimos o raio simplesmente pela fórmula do círculo $s = \theta R_T$, onde R_T é o raio da Terra. Sabemos que a distância entre Fortaleza e Natal é $s = 430$ km.

Alice vai na rua e, para descobrir o ângulo, mede a sombra e se informa sobre a altura de um prédio, dados por 2,025 m e 30 m, respectivamente. Com esses dados, pede que Bob determine:

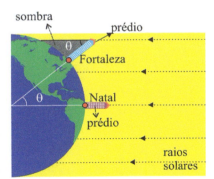

Figura 1.3 – Determinação do raio da Terra

32 **Capítulo 1. O que é uma Lei da Física?**

> **Exercício 1.11** Com os dados acima, do prédio e da sombra, determine: **a)** $\theta \approx 0,0674$ rad, **b)** $R_T = 6379,82$ km, **c)** A circunferência da Terra $D = 40.085,6$ km.

B: – Nunca imaginei que, durante minhas férias, estaria medindo o raio da terra. Só você mesmo, Alice!

A: – O aventureiro Phileas Fogg, portanto, percorreu uma distância de $D = 40.085,6$ km. Muito legal. Podemos inclusive descobrir sua velocidade média:

> **Exercício 1.12** Considere que a viagem de Phileas Fog durou 80 dias. Mostre que sua velocidade média foi $v = 20,9$ km/h.

B: – É uma velocidade bem baixa, daria pra fazer até de bicicleta. – Fala Bob, feliz com o que descobriu junto de Alice e continua:

B: – Agora vou pra praia com meus pais.

Alice se despede e desliga o telefone. Note que, em posse dos dados acima, é ainda possível determinar qual a velocidade, em relação aos polos, de um ponto sobre o Equador. Para isso basta lembrar que o período de rotação da Terra é 24 horas.

> **Exercício 1.13** Considere que o comprimento do Equador é $D = 40.085,6$ km. Calcule a velocidade, em relação aos polos, de uma cidade no Equador.

Até agora utilizamos quilômetro (km) e hora (h) como unidades de distância e tempo. Todavia, utilizaremos também metro (m) e segundo (s), e ainda anos-luz e anos. Essas últimas unidades abordaremos na próxima seção. A mudança de uma para a outra, em geral, é bem simples e direta. Basta lembrar que 1 km $= 1000$ m e 1h $= 3600$ s. A velocidade, por exemplo, se modifica por km/h $= 1000$ m/3600 s $= $ m/$(3,6$ s$) = $ (m/s) $\div (3,6)$. Portanto:

$$(\text{velocidade em m/s}) = \frac{(\text{velocidade em km/h })}{3,6}.$$

No exemplo da nossa viagem de ônibus, temos que a velocidade em m/s é dada por $v = (60 \div 3,6)$ m/s $= 16,7$ m/s.

Será que, com aviões modernos, a volta ao mundo de Phileas Fog poderia durar 80h? Em 1972 Hafele e Keating enviaram dois aviões comerciais, com relógios atômicos, para testar a teoria de relatividade de Einstein. Um indo para leste, e outro para oeste, ambos com velocidade 900 km/h. Essa velocidade é relativa ao solo. Os aviões não partiram do Equador, mas do Observatório

1.2 O Estado Natural dos Corpos

Naval Americano (ONA). Nessa latitude o comprimento de uma volta na Terra é dado por 31.000 km. Baseado nesses dados, encontre:

Exercício 1.14 **a)** A velocidade do observatório em relação aos polos, devido ao movimento de rotação da Terra. **b)** Em quanto tempo, na latitude do observatório, os aviões dariam uma volta na Terra. **c)** Em quanto tempo os aviões se encontrariam, se partissem simultaneamente.

Exercício 1.15 Alice decide medir a velocidade do som. Para isso vai para um local de sua cidade Quixadá, em que é observado o fenômeno do eco em um monólito. A distância entre ela e o monólito é 255 m. Ela mede o tempo entre seu grito e o eco, obtendo 1,5 s. Qual a velocidade do som encontrada por ela?

Exercício 1.16 Encontre: **a)** A velocidade de Phileas Fog em m/s. **b)** A velocidade do som em km/h. **c)** A velocidade de um ponto no Equador em m/s. **d)** A velocidade dos aviões de Hafele e Keating em m/s.

1.2.4 Movimento Retilíneo e Viagem Interestelar

Em boa parte dos exemplos acima, estudamos um movimento circular. Todavia, o princípio da inércia afirma que o estado natural é um movimento **em linha reta**, se nada modificar seu movimento.

Na seção anterior, vimos como a gravidade pode causar esses movimentos circulares. No entanto, distante da Terra, no espaço, sem ação da gravidade, se aplica o princípio da inércia. Para isso, vamos considerar um viajante interestelar e, portanto, distâncias e velocidades bem maiores que as consideradas anteriormente. Os Astrônomos determinaram diversas formas de calcular grandes distâncias. Hiparco é considerado o pai da Astronomia e, um pouco depois de Eratóstenes, utilizou triangulação para determinar a distância da Terra à Lua. A ideia é muito simples e mostrada na Figura 1.4. Sabendo a distância l entre A a B, e os ângulos α e β podemos usar trigonometria básica e determinar $l = d/\tan\alpha + d/\tan\beta$.

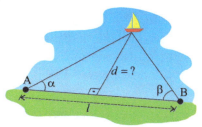

Figura 1.4 – Triangulação

34 **Capítulo 1. O que é uma Lei da Física?**

Para o caso de pequenas distâncias, como a de um navio, basta considerar l por alguns km em Terra firme. Todavia, a Lua observada de pontos em uma praia parece sempre exatamente acima da nossa cabeça. Ou seja, para distâncias d grandes, também precisamos de um l grande para construir um "bom" triângulo. Para medir a distância da Terra à Lua, Hiparco utilizou a distância entre cidades como l. Com isso encontrou aproximadamente $D = 59 \times R_T$, onde R_T é o raio da Terra. A distância correta é de aproximadamente $D = 60 \times R_T$. E para distâncias ainda maiores, como de estrelas? Nesse caso os astrônomos utilizam para l a própria órbita da Terra: ou seja, apontam o telescópio para uma estrela com uma diferença de tempo de 6 meses. Como a distância da Terra ao Sol é de 150 milhões de km, o l é o dobro disso! Com isso eles medem a distância de estrelas e sistemas estelares próximos, de até 400 anos-luz. Mais do que isso, determinam distâncias pela luminosidade das estrelas. Vejamos alguns exemplos.

Na série "Perdidos no Espaço", a família Robinson parte para uma missão em direção ao sistema estelar Alfa Centauri em busca de um planeta habitável. Curiosamente, os astrônomos, recentemente, descobriram lá um exoplaneta habitável. Alfa Centauri é o sistema estelar mais próximo do sistema solar e consiste de 3 estrelas: Alfa Centauri A, Alfa Centauri B e Próxima Centauri. Sua distância é de $4,37$ anos-luz. O que significa "anos-luz"? Para lidar com distâncias muito grandes, se utiliza anos-luz, que significa a distância percorrida pela luz em um ano. Quão grande é isso? A velocidade da luz no vácuo é de aproximadamente 300 milhões de m/s. Um ano possui $31,5$ milhões de segundos. Isso nos leva a:

$$1 \ ano\text{-}luz = 9.450.000.000.000.000 \ m.$$

Portanto, Alfa Centauri está a $4,3$ vezes o número acima. Bom, certamente é mais fácil utilizar a distância sendo anos-luz e o tempo em anos. Vejamos um exemplo. No mesmo seriado, a viagem deve durar 5 anos. Qual deve ser a velocidade da nave? Vamos chamar a velocidade de luz de c. Temos

$$\text{velocidade} = \frac{\text{distância}}{\text{tempo}} = \frac{4,37 \, \cancel{anos} \times c}{5 \times \cancel{anos}} = 0,874 \, c$$

Agora temos a velocidade como um múltiplo de c, que é altíssima. Isso é esperado já que, para grandes distâncias, devemos usar grandes velocidades para chegar ao nosso destino. Será possível um dia termos naves com essas velocidades? Vejamos alguns exemplos de planetas habitáveis nos exercícios a seguir.

1.3 Princípio da Relatividade de Galileu   35

Exercício 1.17 O *TRAPPIST-1d* é um exoplaneta rochoso com cerca de 30% da massa da Terra. Sua distância da Terra é de cerca de $3,7 \times 10^{17}$ m, ou seja 39 anos-luz. Quanto tempo, em anos, um raio de luz, lançado da superfície da Terra, demoraria para chegar até *TRAPPIST-1d*? ∎

Exercício 1.18 Se em vez de um raio de luz, fosse enviado um astronauta numa nave com velocidade uniforme $v = 0,866$ c, quanto tempo este astronauta levaria entre sua partida da Terra e sua chegada em *TRAPPIST-1d*? ∎

Exercício 1.19 Descoberto em 2015, *Kepler - 442b* é o exoplaneta considerado melhor candidato a abrigar vida fora da Terra (Giordano Bruno tinha razão...). Sabemos que sua distância da Terra é de cerca de $1,129 \times 10^{19}$ m, ou 635 anos-luz. Encontre o tempo em anos que um astronauta levaria para sair da Terra e chegar ao exoplaneta, caso estivesse numa nave com velocidade uniforme de $v = 0,866c$. ∎

Exercício 1.20 *Gliese 832 c* é um exoplaneta que se encontra na constelação de Grus e um grande candidato a um planeta habitável. Ele está orbitando uma estrela anã vermelha chamada *Gliese 832*, possuindo a massa de $5,2$ Terras e um raio $>1,5$ vezes maior que o da Terra. Esse planeta se encontra a 16 anos-luz da Terra. Com que velocidade um astronauta deve viajar para chegar lá em 4 anos? ∎

Exercício 1.21 *Kepler-1229b* é um exoplaneta provavelmente rochoso que se encontra na constelação de *Cygnus*. Ele está a 865 anos-luz da Terra. Qual velocidade um astronauta deve viajar para chegar lá em 20 anos? ∎

1.3 Princípio da Relatividade de Galileu

Além de destruir a crença aristotélica de que o estado natural dos corpos era o repouso, Galileu alterou a noção da época acerca de observadores, ou referenciais. Aristóteles acreditava que todos os objetos celestes, como os outros planetas, o Sol e as demais estrelas, giravam ao redor da Terra. Esta, em seu estado natural de repouso seria, portanto, um referencial especial para observar os fenômenos da natureza. Com o princípio da Inércia de Galileu, que propunha que o estado natural de todos os corpos era em movimento retilíneo e uniforme, a ideia da Terra como um referencial especial dentre os demais não era sustentável. Galileu afirma, então, o "Princípio da Relatividade", que discutiremos nesta seção.

1.3.1 O Princípio da Relatividade

Se o estado natural da Terra é em movimento, como perceberíamos que ela está se movendo? Galileu utilizou um famoso experimento mental para ilustrar a relatividade do movimento (Figura 1.5): um observador dentro de uma cabine em um navio. Dentro da cabine não há qualquer tipo de contato, visual ou sonoro, com o exterior.

Imagine que todos os objetos dentro do quarto possuem a mesma velocidade horizontal do navio. Ao jogar uma bolinha pra cima, por exemplo, ela deveria permanecer com a mesma velocidade horizontal, pelo princípio da inércia. Portanto, quem esta dentro do quarto somente veria a bolinha subindo e descendo verticalmente. Ou seja, seria impossível para ele determinar o movimento do navio observando o movimento da bolinha. Galileu propôs, então, que um observador que realizasse qualquer tipo de experimento dentro da cabine, como caminhar ou abandonar corpos em queda livre, não conseguiria distinguir se o navio estava ancorado ou navegando com velocidade uniforme. Se o estado natural fosse parado em relação à Terra, como propunha Aristóteles, ao jogar a bolinha para cima, ela tenderia a parar e não cairia aos pés do marinheiro. Assim seria possível determinar, de dentro da cabine, se o navio está em movimento. Com isso, Galileu afirma o princípio da Relatividade, que

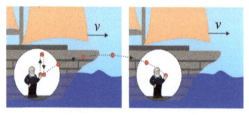

Figura 1.5 – Navio de Galileu

em 1905 será reafirmado por Einstein na teoria da Relatividade Especial:

"As leis da Física são as mesmas em todos os referenciais inerciais."

Os referenciais inerciais são aqueles com velocidade constante um em relação ao outro. Um observador na cabine do navio em movimento uniforme, portanto, descreve as leis da física da mesma forma que um parado no cais do porto. Galileu, com este exercício, derruba mais um tijolo do castelo aristotélico. Agora a pergunta natural, que repetiremos em toda nossa jornada, é: como descrever matematicamente a relação entre os referenciais inerciais? Dito de outra forma: se um fenômeno é descrito por um referencial, como outro referencial o descreve?

1.3 Princípio da Relatividade de Galileu

1.3.2 As Transformações de Galileu

A resposta para nossa pergunta anterior é que devemos relacionar as coordenadas do espaço e do tempo dos dois referenciais. Com isso é possível, por exemplo, descrever a trajetória de um objeto de acordo com qualquer um deles. As transformações que relacionam dois referenciais inerciais, em homenagem a Galileu, são chamadas de "Transformações de Galileu". Para isso precisamos definir o que chamamos de "configuração padrão" desses referenciais.

1.3.2.1 Configuração Padrão

Como nos deteremos continuamente em relacionar dois referenciais inerciais, é importante deixar bem claro algumas escolhas. Consideremos, portanto, dois referenciais inerciais: um deles, que chamaremos referencial S, descreve eventos pelo par (t, x); por sua vez, o outro referencial, que chamaremos S', descreve eventos pelo par (t', x'). O referencial S' se move com velocidade uniforme v em relação a S, como no nosso exemplo do navio e cais. Vamos fazer algumas escolhas para simplificar nossas análises. Primeiramente, vamos considerar que os eixos x e x' são paralelos entre si. Consideraremos ainda que os tempos começam a ser medidos, por ambos os referenciais, quando as origens coincidem. Essa configuração é detalhada no Figura 1.6. A seguir utilizaremos essa configuração.

1.3.2.2 As Transformações

Como podemos relacionar (t', x') com (t, x)? Primeiramente, Galileu considerou a hipótese de que o tempo flui igualmente para os dois referenciais. Ele supõe, portanto, sem submeter ao crivo da experimentação, um tempo absoluto e *universal*, ou seja, $t = t'$. Nem um gênio, da estatura de Galileu, ousou contestar tal fato. Após Galileu, Newton e todos os físicos usaram essa hipótese, que somente foi contestada por Einstein. Chamamos de hipótese pois, como veremos nos próximos capítulos, isso só vale aproximadamente, para velocidades pequenas comparadas com a da luz! Sigamos. Utilizaremos, a partir daqui, a configuração padrão descrita anteriormente. Considere a Figura 1.7.

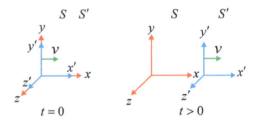

Figura 1.6 – À esquerda, os referenciais coincidem em t=0. À direita a configuração após um tempo t.

Primeiramente vejamos qual a posição da origem de S', segundo o referencial S, que chamaremos de x_{origem} (não confunda com a posição inicial x_0). Como S' se afasta de S com velocidade v, podemos usar nossa expressão 1.5. Na configuração padrão, a origem de S e S' coincidem em $t=0$ e devemos utilizar $x_0=0$. Obtemos $x_{origem}=vt$. Note que em vez de "s" estamos usando "x" para a posição. Na figura, vemos claramente que a posição de um ponto visto por S é a posição do ponto visto por S' somada à x_{origem}. Temos, então, a expressão

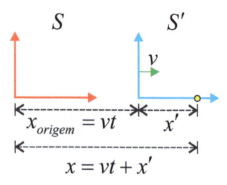

Figura 1.7 – Relação entre S e S'

$$x = x' + x_{origem} = x' + vt \rightarrow x' = x - vt; \ t' = t \tag{1.6}$$

Chegamos, finalmente, às *transformações de Galileu*. Note que a segunda das equações acima é o que chamamos de inversa. Ela descreve a posição como vista por S' (x') em função da posição vista por S.

1.4 Galileu e O Espaço-Tempo Absoluto

Nas próximas seções, vamos estudar algumas consequências da relatividade para a mecânica. Particularmente encontraremos a soma de velocidades e analisaremos movimentos em duas dimensões.

1.4.1 Soma de Velocidades

Nesta seção vamos analisar o caso de uma partícula que se move com velocidade constante u em relação ao referencial S. Chamaremos a posição e a velocidade observadas por S' de x' e u'. Vimos anteriormente que o movimento uniforme é descrito por

$$x' = u't \tag{1.7}$$

Acima consideramos $x'_0 = 0$. Agora fazemos a pergunta que será a base de todo este livro: como o referencial S descreve este fenômeno? Especificamente, como S descreve o movimento deste ponto? A forma mais simples de se respon-

1.4 Galileu e O Espaço-Tempo Absoluto

der a esta pergunta é utilizar a transformação de Galileu (1.6). Ou seja, basta utilizar $x' = x - vt$ na relação (1.7) acima. Com isso obtemos:

$$x - vt = u't \Rightarrow x = (u' + v)t. \tag{1.8}$$

A equação acima tem a exata forma de uma equação horária da posição de um movimento uniforme em S, descrita por $x = ut$. Comparando com a expressão (1.8) chegamos a:

$$u = u' + v \Rightarrow u' = u - v$$

Essa é a fórmula da adição de velocidades, que relaciona as velocidades u e u' observadas pelos dois referenciais.

1.4.2 Velocidade da Terra no Éter?

Em uma viagem de trem para visitar a família, Alice decide agora determinar a velocidade v de um trem. A velocidade do som é $u_s = 340$ m/s em relação a um observador **parado** na superfície da Terra. Sabendo que o comprimento do trem é 170 m, ela novamente usa o eco: vai para a frente

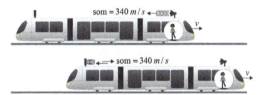

Figura 1.8 – Alice medindo a velocidade do trem.

do trem e, de fora da janela, envia um som que bate na parte traseira voltando como eco. Ela mede o tempo total até escutá-lo e usa, então, as transformações de Galileu. O som do eco que viaja para a traseira tem uma velocidade de $u'_{ida} = 340 + v$ relativa ao trem. Já o som do eco que retorna tem velocidade $u_{volta} = 340 - v$. Ela, assim, consegue determinar o tempo total, dado por

$$t_{total} = t_{ida} + t_{volta} = \frac{170}{340 + v} + \frac{170}{340 - v} = \frac{340^2}{340^2 - v^2}.$$

Alice também é boa em matemática e da expressão acima encontra v, que é dada por

> **Exercício 1.22** Da expressão acima, determine $v = 340 \times \sqrt{1 - 1/t_{total}}$ ∎

Depois de várias medidas, ela descobre que $t_{total} = 4/3$ s e, portanto, $v = 170$ m/s. Ao chegar à estação, ela se informa sobre a velocidade de viagem daquele trem e descobre que estava correta. Galileu tem uma nova discípula!

40 **Capítulo 1. O que é uma Lei da Física?**

> **Exercício 1.23** Suponha o exemplo acima com L qualquer e u_s a velocidade do som. Mostre que
>
> $$t_{total} = \frac{2L}{u_s} \frac{1}{1 - (\frac{v}{u_s})^2}. \tag{1.9}$$
>
> ∎

Uma fórmula, como a acima, foi utilizada para tentar medir a velocidade da Terra no Éter. O que é o Éter? Veremos no próximo capítulo.

> **Exercício 1.24** Um trem e uma moto movimentam-se, no mesmo sentido, com velocidades de 20 m/s e 30 m/s, respectivamente. Sentado a uma das janelas do trem, um passageiro marca um tempo de 10 s para que a moto ultrapasse o trem. Determine o tamanho do trem. ∎

> **Exercício 1.25** Uma nave Klingon parte da Terra com velocidade $0,6$ c em direção *Kepler-1229b* para uma guerra. Ao descobrir seus planos, depois de um ano, a *Enterprise* sai para impedi-los. Sua velocidade é $0,8$ c. **a)** Qual distância foi percorrida pela nave Klingon, quando a Entreprise sai da Terra? **b)** Qual a velocidade relativa entre as naves? **c)** Em quantos anos *Enterprise* alcança a nave Klingon? ∎

Hafele e Keating novamente. Anteriormente, vimos que os aviões do experimento tem velocidade $v = 900$ km/h e o tempo de voo é dado por $t = 34,44$ h. Também vimos que o comprimento da Terra e velocidade do observatório nessa latitude são $C = 31.000$ km e $v_{ONA} = 1290$ km/h. Com esses dados, resolva as questões a seguir.

> **Exercício 1.26** Use a velocidade relativa e descubra em quanto tempo eles se encontram, se partirem simultaneamente. ∎

> **Exercício 1.27** Qual a velocidade dos aviões para um observador nos polos? ∎

1.4.3 Espaço e Tempo Absolutos

Outra consequência importante da relatividade Galileana é a noção de comprimento de objetos. Apesar de parecer simples, veremos que é importante definir de forma precisa o que é um comprimento. Consideremos uma barra em repouso em relação a um certo referencial inercial S'. Qual é o seu comprimento? Para que um observador nesse referencial meça o comprimento da barra, basta

1.4 Galileu e O Espaço-Tempo Absoluto

colocar uma régua sobre ela e marcar as extremidades. E para um referencial S, que observa S', e portanto a barra, com velocidade v? Nesse caso, é necessário que as posições dos extremos da barra sejam marcadas simultaneamente. Se isso não for feito pode-se chegar a conclusões erradas.

Considere que é possível medir simultaneamente a posição das extremidades de uma barra. Dito isso, se o comprimento da barra, medido em S', for $x_2' - x_1' = \Delta x' \equiv L_0$, qual será o seu comprimento observado por S? Mais uma vez, a resposta a essa pergunta esta nas transformações de Galileu. Os extremos da barra para S são x_2 e x_1, enquanto que para S' são x_2' e x_1'. As transformações de Galileu relacionam esses eventos por:

$$x_2 = x_2' + v t_2; \; x_1 = x_1' + v t_1.$$

Com isso podemos obter, para S, a distância entre as extremidades

$$\Delta x = x_2 - x_1 = (x_2' + v t_2) - (x_1' + v t_1) = \Delta x' + v \Delta t$$

Alguém poderia agora afirmar: "Ora, os comprimentos acima são diferentes $\Delta x' \neq \Delta x$". Todavia, como dissemos acima, a medição dos extremos da barra em S deve ser simultânea. Ou seja, $\Delta t = 0$, e com isso temos que $\Delta x' = \Delta x$.

Nossa conclusão é que o espaço também tem um sentido absoluto em Galileu. Isso nos parece intuitivo. Por que o comprimento de uma barra deveria ser diferente ao se mover? As transformações de Galileu expressam isso matematicamente. Já o tempo foi afirmado como absoluto e universal desde o princípio por Galileu. Podemos dizer, portanto, que o espaço e o tempo Galileanos são absolutos. No caso da relatividade de Einstein, teremos um resultado surpreendente!

> **Exercício 1.28** Alice decide medir o comprimento de um longo trem. Sabendo que sua velocidade é 20 m/s, ela mede o tempo para ele passar por ela e acha 55 s. Determine o tamanho do trem. ∎

> **Exercício 1.29** Marque a alternativa correta. De acordo com Galileu, o tempo flui: **a)** igualmente para todos os referenciais. **b)** mais depressa para um referencial parado. **c)** mais depressa para um referencial em movimento. **d)** mais depressa para quem está no topo de uma montanha. ∎

> **Exercício 1.30** De acordo com Galileu, podemos afirmar que o comprimento de um objeto: **a)** é o mesmo para todos os referenciais. **b)** é menor se for medido em um referencial em movimento. **c)** é maior se for medido em um referencial em movimento. **d)** é maior no topo de uma montanha. ∎

1.5 Huygens: Centro de Massa e Conservação de Momento e Energia

Apesar de Galileu ter descoberto o Princípio da Relatividade, curiosamente ele não foi primeiro a aplicá-lo para resolver algum problema. Quem fez isso foi Huygens, para resolver o problemas das colisões. Vejamos como. O princípio da inércia de Galileu nos mostra que o movimento de um corpo se conserva. Ou seja, uma vez que tenha movimento, ele permanecerá para sempre. A partir dele, outros cientistas, como Descartes e Huygens, começaram a se perguntar se isso também acontece no caso de colisões. Esse foi um intenso debate que durou várias décadas! Usando o princípio da inércia como motivação, eles admitiam que movimentos em geral se conservam. Eles consideravam colisões de objetos "duros", como bolas de bilhar. Posteriormente, ficou claro que essas eram colisões "elásticas", isto é, que conservam a energia. Muitas questões não estavam claras: qual a velocidade após as colisões? O que se conserva? A velocidade? Como quantificar o movimento? A resposta a essas perguntas serviriam como base para a síntese de Newton sobre a dinâmica dos movimentos. Essa também será a base para a mecânica da relatividade de Einstein. Vejamos o problema de forma mais específica e matemática[1].

1.5.1 Colisão de Corpos Idênticos

Imagine que dois corpos idênticos, B e C, têm velocidade u_1 e u_2, como na Figura 1.9. Após a colisão, qual será a velocidade final? Existia um consenso entre todos eles que Descartes usou como regra: *Se dois corpos idênticos, com velocidades v e $-v$ colidem, após a colisão elas voltam com a mesma velocidade.* Essa regra está descrita na Figura 1.10.

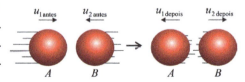

Figura 1.9 – Colisão com velocidades diferentes

---
[1] Para mais detalhes ver o artigo da *Revista Brasileira de Ensino de Física* [3].

1.5 Huygens: Centro de Massa e Conservação de Momento e Energia

Todavia, para o caso de velocidades diferentes, Descartes chegou a resultados errados. Algumas soluções corretas foram encontradas. Dentre elas nos interessa a de Huygens, que utilizou o princípio da relatividade. Considere o caso acima, de corpos idênticos com velocidades diferentes u_1, u_2. Huygens considerou uma

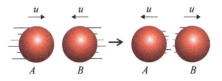

Figura 1.10 – Regra de Descartes: Colisão de corpos idênticos com velocidade iguais

transformação de Galileu para um referencial S', com velocidade v. Para esse referencial temos que $u' = u - v$ e

$$u'_{1\,antes} = u_{1\,antes} - v;\ u'_{2\,antes} = u_{2\,antes} - v \qquad (1.10)$$

Ele, então, fez uma escolha esperta para v. Esta seria de tal forma que, para S', as velocidades dos corpos **antes** da colisão seriam iguais (mas em sentidos diferentes)!

> **Exercício 1.31** Use (1.10) e $u'_{2\,antes} = -u'_{1\,antes}$ e obtenha: $v = (u_{1\,antes} + u_{2\,antes})/2$. ■

Qual será a velocidade depois da colisão? Primeiramente, vamos descobrir qual a velocidade das bolinhas para o referencial S'.

> **Exercício 1.32** Use o exercício 1.31 e 1.10 para encontrar $u'_{1\,antes} = (u_{1\,antes} - u_{2\,antes})/2$ e $u'_{2\,antes} = (u_{2\,antes} - u_{1\,antes})/2$. ■

Com o resultado acima em mãos, ele utiliza a regra de Descartes, da Figura 1.10, e conclui que a velocidade será a mesma e somente de sentido contrário. Ou seja, para S', a velocidade dos corpos depois será

$$u'_{2\,depois} = -u'_{2\,antes};\ u'_{1\,depois} = -u'_{1\,antes}. \qquad (1.11)$$

E para o referencial S?

> **Exercício 1.33** Considere os exercícios 1.31, 1.32 e a equação 1.11. Use a transformação inversa de Galileu, $u = u' + v$, e encontre $u_{2\,depois} = u_{1\,antes}$ e $u_{1\,depois} = u_{2\,antes}$. ■

44   **Capítulo 1. O que é uma Lei da Física?**

Essa é a descrição correta para a colisão acima. Ou seja, bolinhas idênticas "trocam" as velocidades após o choque. De fato, Huygens entendeu que o mecanismo acima pode ser utilizado para obter o resultado de qualquer colisão. Ele, então, afirmou as leis das colisões de corpos idênticos "duros": **a)** O princípio da Relatividade, **b)** O princípio da inércia, **c)** A regra de Descartes, da Figura 1.10.

Considere duas bolas **A** e **B** se aproximando pela esquerda e direita, respectivamente. Elas são "duras", idênticas e possuem velocidades iguais a $v = 4m/s$ para um referencial S'. Utilize o principio da relatividade e a regra de Descartes e resolva os exercícios a seguir.

> **Exercício 1.34** Para o referencial da bola **A**, qual a velocidade da bola **B** antes e após a colisão?   ■

> **Exercício 1.35** Um referencial S se aproxima de S' com velocidade 2m/s. Quais as velocidades das bolas antes e depois da colisão para esse referencial? ■

> **Exercício 1.36** Considere que as duas bolas têm velocidades de 10 m/s e 20 m/s. Quais serão as velocidades após a colisão?   ■

1.5.1.1 Colisão de Corpos Diferentes

E para corpos não idênticos, ou seja, com massas diferentes? Huygens procura uma generalização da regra de Descartes. Ou seja, existe um referencial em que os dois corpos tenham as mesmas velocidade antes e depois da colisão? Ele resolve o problema propondo que a quantidade conservada, associada a cada corpo, não seja a velocidade, mas massa vezes velocidade mv, que posteriormente Newton chamou de "momento" P. Ele considera um referencial S' em que o momento, a quantidade total de movimento, é nula antes da colisão. Por conservação, deve ser nula depois da colisão, ou seja:

$$M_A v_{A\,antes} + M_B v_{B\,antes} = 0, M_A v_{A\,depois} + M_B v_{B\,depois} = 0. \tag{1.12}$$

Com isso, ele mostra que $v_{A\,depois} = -v_{A\,antes}$ e o mesmo para v_B. Como ele chegou a isso? Um leitor mais atento pode dizer: "temos 4 velocidades e somente duas equações. É impossível resolver esse sistema!" Huygens entendeu isso e mostrou, usando outros princípios, que $Mv^2/2$ também dever ser conservado nas colisões. Isso é a energia cinética, apesar de ele não utilizar esse nome. Ou seja, se queremos conservar energia devemos usar:

$$M_A v_{A\,antes}^2 + M_B v_{B\,antes}^2 = M_A v_{A\,depois}^2 + M_B v_{B\,depois}^2. \tag{1.13}$$

1.5 Huygens: Centro de Massa e Conservação de Momento e Energia 45

Com isso Huygens mostra que,

> **Exercício 1.37** Use 1.12 para mostrar que $v_{A\,depois} = -v_{A\,antes}$ e $v_{B\,depois} = -v_{B\,antes}$. ∎

Lembre, todavia, que Huygens não usava a expressão "Energia Cinética", mas somente a expressão matemática (1.13). Após obter esse resultado, ele considera um referencial S que veja o referencial S' com velocidade v e as bolinhas com velocidades U. Pelas transformações de Galileu, temos $u' = u - v$ e

$$M_A(U_{A\,antes} - v) + M_B(U_{B\,antes} - v) = 0 \rightarrow M_A U_{A\,antes} + M_B U_{B\,antes} = (M_A + M_B)v. \tag{1.14}$$

Fazendo o mesmo, após a colisão, obtemos $M_A U_{A\,depois} + M_B U_{B\,depois} = (M_A + M_B)v$. Huygens, portanto, utilizou a transformação de Galileu para chegar na conservação de momento em qualquer referencial

$$M_A U_{A\,antes} + M_B U_{B\,antes} = M_A U_{A\,depois} + M_B U_{B\,depois}. \tag{1.15}$$

> **Exercício 1.38** Bob e Alice estão jogando sinuca. Bob lança sua bola de 200 gramas em direção à bola de 220 gramas de Alice. As bolas possuem velocidades 3 m/s e 2 m/s, respectivamente. Qual a velocidade final da bola que Bob lançou, se a bola lançada por Alice tinha uma velocidade final de aproximadamente 2,76 m/s no sentido contrário ao da sua velocidade inicial? ∎

> **Exercício 1.39** Bob e Alice resolveram jogar bola de gude. A bola de gude que Bob usou no jogo tinha uma massa que era o triplo da que Alice usava. As bolas de gude de Bob e Alice possuem velocidades iniciais de 4 m/s e 6 m/s, respectivamente. Quais serão as velocidades delas após a colisão? ∎

> **Exercício 1.40** Duas bolas de boliche, de 1 kg e 5 kg, são lançadas uma contra a outra com a mesma velocidade de 1 m/s. Se uma das massas é de 1 kg, e a outra é de 5 kg, sabendo que a magnitude da velocidade final da bola de 1 kg é de 7/3 m/s, qual é a magnitude da velocidade final da outra bola, usando a conservação da energia cinética? ∎

> **Exercício 1.41** Considere uma colisão de dois corpos com massas m_A e m_B, velocidades iniciais $v_{A\,antes}$ e $v_{B\,antes}$ e finais $v_{A\,depois}$ e $v_{B\,depois}$, respectivamente.

Use conservação de momento e energia para mostrar que $v_{B\,depois} - v_{A\,depois} = v_{A\,antes} - v_{B\,antes}$.

1.5.2 E=mc² e Centro de Massa

Einstein utilizou o conceito de centro de massa para encontrar sua famosa expressão $E = mc^2$. De fato, esse conceito foi utilizado por Huygens para encontrar a conservação de momento. Considere primeiramente as colisões de corpos idênticos $M_A = M_B$. Da conservação de momento obtemos $v_{A\,antes} + v_{B\,antes} = v_{A\,depois} + v_{B\,depois}$. Multiplicando essa equação por t e utilizando $x = v \times t$ chegamos a:

$$x_{A\,antes} + x_{B\,antes} = x_{A\,depois} + x_{B\,depois}.$$

Ora, se dividirmos por dois, o lado direito e esquerdo da equação acima nos dão o ponto médio entre os corpos. Ou seja, essa posição permanece a mesma antes e depois da colisão. E para corpos diferentes, alguma posição é conservada?

Usando $x = vt$ na conservação de momento para corpos diferentes, Huygens obtém $M_A x_{A\,antes} + M_B x_{B\,antes} = M_A x_{A\,depois} + M_B x_{B\,depois}$. Ou seja, a posição "conservada" consiste na posição de cada corpo multiplicada por suas massas. Claro, podemos dividir ambos os lados por $M_A + M_B$ para obter a definição do centro de massa

$$x_{CM} = \frac{M_A x_A + M_B x_B}{M_A + M_B}. \tag{1.16}$$

Se nada externo age sobre os corpos, o centro de massa é sempre conservado! Com a conservação de momento e energia cinética, ele resolveu assim o problema das colisões elásticas. Para isso utilizou o conceito de centro de massa. Essa foi uma das bases para Newton fundar as leis da dinâmica. Onde Einstein entra nisso? Veremos que ele utilizará 1.16 para mostrar que $E = mc^2$! Vamos, portanto, treinar esse conceito tão importante. Vejamos um exemplo:

Na Figura 1.11 temos um toco de comprimento L e massa M em um rio. Um sapo de massa m está em sua extremidade esquerda.

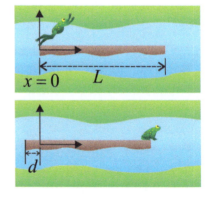

Figura 1.11 – Conservação do centro de massa

Vamos colocar $x = 0$ na posição do sapo. O sapo pula para a outra extremidade. O toco se desloca para esquerda, mas quanto?

Poderíamos usar conservação de momento para resolver. Todavia, é mais simples utilizar o centro de massa de Huygens. Podemos considerar que toda

1.5 Huygens: Centro de Massa e Conservação de Momento e Energia

a massa do toco está no seu centro, em $L/2$. Isso será utilizado por Einstein e nos problemas abaixo. Temos, então, que a "posição" do toco é $x_t = L/2$ e a do sapo $x_s = 0$. Utilizando esses dados na Eq. (1.16), obtemos

$$x_{CM} = \frac{mx_s + Mx_t}{m+M} = \frac{ML}{2(m+M)}.$$

Considere que o toco se deslocou d para a esquerda. A posição do seu centro será agora $x'_t = L/2 - d$. A outra extremidade do toco também se desloca para $x = L - d$, mas essa é a posição do sapo. Ou seja $x'_s = L - d$. Temos para a posição final do centro de massa

$$x'_{CM} = \frac{mx'_s + Mx'_t}{m+M} = \frac{m(L-d) + M(L/2-d)}{(m+M)}.$$

Igualando agora $x_{CM} = x'_{CM}$, obtemos:

Exercício 1.42 Encontre para o caso do sapo que $d = mL/(m+M)$. ■

Bom, em vez de um sapo, Einstein usou um pulso de luz. Mas isso serão cenas dos próximos capítulos. Agora, treinemos com rãs, pessoas e o gato de Schrödinger.

Exercício 1.43 Um barco de 10 m e 200 kg está parado sobre o mar. Um homem de 70 kg anda de uma extremidade à outra do barco. Quanto o barco terá se deslocado ao final da travessia? ■

Exercício 1.44 Considere uma caixa de madeira de 1,75 kg e 2 m. Dentro, uma rã de 250 gramas salta de uma extremidade à outra. Quanto se deslocou a caixa? ■

Exercício 1.45 Considere um gato na extremidade esquerda de uma caixa de 6 kg e 2 m. Schrödinger explica que, de acordo com a mecânica quântica, ele estaria vivo e morto ao mesmo tempo. Todavia, Alice observa que, de repente, a caixa se desloca de 0,5 m e brinca com Schrödinger: – Ele está vivo e ainda encontrei sua massa! Qual a massa do gato de Schrödinger? ■

1.6 A Ruína da Física Aristotélica

Nas seções anteriores, estudamos as consequências do princípio da relatividade. Todavia, Galileu testou também as outras afirmações de Aristóteles utilizando o plano inclinado e mesmo um telescópio! Vejamos como.

1.6.1 Queda dos Corpos e o Princípio da Equivalência

Voltemos novamente para Galileu. No experimento do plano inclinado, ele descobriu, usando relógios de água, que a distância cresce quadraticamente com o tempo. Se o plano está na horizontal, o objeto se move com velocidade constante. Então, intervalos de tempo iguais correspondem a distâncias percorridas iguais. No caso de o plano estar inclinado, intervalos de tempos iguais correspondem a distâncias percorridas diferentes. Ele observou, em uma notação moderna, que se no intervalo de 1 segundo a bolinha percorre uma distância L, então em 2 segundos ela irá percorrer 4 vezes essa distância ($4L$), em 3 segundos ela percorre 9 vezes essa distância ($9L$), e assim por diante. Matematicamente isso quer dizer que $s \propto t^2$, isto é, a distância s percorrida por um objeto no plano inclinado é quadrática no tempo. De fato ele descobriu, com isso, que corpos em queda livre seguem a trajetória $y = 4,9t^2$. Nessa equação, estamos considerando o tempo em segundos e a distância em metros. Mas o que isso significa?

Vimos anteriormente que, quando v é constante, a trajetória é descrita por $y = vt$. Do experimento de Galileu é possível inferir que a velocidade não é constante, pois o corpo não percorre distâncias iguais em tempos iguais. Portanto, temos casos diferentes. De fato, ele descobre que a trajetória, ao desconsiderar atrito do ar, é dada por $y = 4,9t^2$. Cai por Terra, assim, a afirmação de Aristóteles de que os corpos caem com velocidade constante!

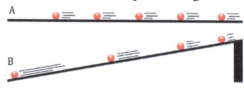

Figura 1.12 – Aceleração dos corpos no plano inclinado

Galileu também testou a hipótese de que o tempo de queda dependeria do peso. Considerando diversos corpos diferentes, ele descobriu que todos os corpos caem com a mesma aceleração! A queda dos corpos não depende de nenhuma característica do corpo. De fato, para qualquer corpo temos a trajetória $y = 4,9t^2$.

1.6 A Ruína da Física Aristotélica

Essas demonstrações foram feitas utilizando-se de planos inclinados e diminuindo o atrito e a resistência do ar, tanto quanto fosse possível. A NASA repetiu esse experimento em um vácuo, com ausência total da resistência do ar, e obteve o resultado esperado [2].

Relato de Vincenzo Viviani

A partir desse problema da queda de corpos diferentes é que surge a famosa história da Torre de Pisa, cujo suposto relato foi contado por Cassini:

"Galileu subiu os degraus da torre inclinada, calmo e tranquilo, a despeito dos riscos e gritos da multidão. Compreendia bem a importância da hora. No alto da torre, formulou mais uma vez a questão com toda a exatidão. Se os corpos, ao cair, chegassem ao solo ao mesmo tempo, ele seria o vitorioso; mas, se chegassem em momentos diferentes, seriam seus adversários que teriam razão. Todos aceitaram os termos do debate. Gritavam: "Faça a prova". Chegara o momento. Galileu largou as duas bolas de ferro. Todos os olhares se dirigiram para o alto. Silêncio! E o que se viu: as duas bolas partirem juntas, caírem juntas e juntas tocarem a Terra ao pé da torre."

Tudo indica que o relato é na verdade um mito. A questão da queda dos corpos é bastante intrigante. Considere 4 objetos: uma pena, uma cadeira, uma pedra e uma bola de canhão. Os 4 objetos, se forem abandonados em queda livre, no mesmo instante, percorrerão exatamente a mesma trajetória $y = 4,9t^2$. Isso é totalmente contraintuitivo, pois o movimento dos corpos em questão não depende da natureza destes. Trezentos anos depois, Einstein usou a descoberta de Galileu para propor o princípio da equivalência, permitindo a criação posterior da relatividade geral. Ele basicamente resgatou as ideias dos trabalhos de Galileu e Newton. Falaremos sobre isso no capítulo 05.

---

[2] Veja o vídeo link: https://www.youtube.com/watch?v=E43-CfukEgs.

1.6.2 Universalidade das Leis da Física

Galileu foi ainda o primeiro a ter a ideia de apontar um telescópio para o céu. Antes dele, esse objeto era usado para fins marítimos. Com isso, Galileu revolucionou a Astronomia e publicou suas descobertas em um pequeno livro, de 24 páginas, de título "O Mensageiro das Estrelas".

Vimos anteriormente que, para Aristóteles, as leis da física celeste eram diferentes das leis da Terra. Todavia, ao apontar o telescópio para a Lua, Galileu observou que ela tinha montanhas e crateras, não sendo perfeita. Mais do que isso, ele observou que as sombras das montanhas dependiam da posição do Sol, exatamente como ocorre na Terra. Constatou, então, que diferentemente do que Aristóteles propunha, a física nos "céus" era a mesma física da Terra e que, portanto, as leis da física são universais!

Vimos ainda que, para Aristóteles, todos os corpos Celestes giram ao redor da Terra. Todavia, agora com o telescópio apontado para Júpiter, Galileu descobriu 4 luas girando ao seu redor e não ao redor da Terra. Com isso, concluiu que a Terra não poderia ser o centro do universo. Usou essa descoberta para corroborar a teoria heliocêntrica de Copérnico, segundo a qual os planetas, incluindo a Terra, giram ao redor do Sol. Ora, segundo Aristóteles, isso era impossível, pois com esse movimento tudo que estivesse na Terra, ao ser arremessado pra cima seria "deixado para trás". Mais uma vez Galileu usa o princípio da inércia: o movimento da Terra não seria percebido, pois funcionaria como a cabine do navio. De fato, observadores na Terra giram ao redor do Sol e são referenciais **não inerciais**. Apesar de os efeitos serem pequenos, em princípio é possível, por experimentos na Terra, determinar seu movimento ao redor do Sol.

Podemos dizer, por fim, que Galileu desmorona o castelo de Aristóteles. Na obra "Diálogo sobre os Dois Principais Sistemas do Mundo", existem dois personagens: Simplício, representando o conhecimento Aristotélico e Salviati, representando as novas ideias que Galileu propunha. Em um trecho, há o seguinte diálogo:

Simplício: – "Mas, quando abandonamos Aristóteles, quem existe para servir de guia na filosofia?"

1.6 A Ruína da Física Aristotélica

Salviati: – "... quem tem os olhos na fronte e na mente deve servir-se deles como guia."

Galileu é considerado o pai da ciência moderna e profundo crítico da autoridade. Segundo ele: "Em questões de ciência, a autoridade de mil não vale o humilde raciocínio de um único indivíduo". Todavia, a defesa do heliocentrismo era considerada heresia pela igreja. Para escapar da fogueira foi ainda obrigado a ler em voz alta, perante o Santo Ofício da Igreja, uma confissão pública renegando suas ideias de que a Terra se move. Reza a lenda que, após ler a confissão, ele falou a seguinte frase:

"eppur se muove. – " e, no entanto, ela se move."

A igreja o condenou ainda a passar o resto de seus dias em prisão domiciliar. Faleceu cego no dia 8 de janeiro de 1642, um ano antes do nascimento de Isaac Newton.

O próximo grande problema da mecânica a ser resolvido era: e se houver algo agindo para modificar o movimento do corpo, como muda a quantidade de movimento (momento)? A resposta terá que esperar por Isaac Newton. Veremos como Newton resolveu as leis da dinâmica no capítulo 5.

1.6.3 O Erro de Galileu: Referenciais não Inerciais e o Pêndulo de Foucault

Para ser mais preciso, de fato Galileu considerava que o princípio da inércia valeria para movimentos uniformes circulares, como a da superfície da Terra. Para ele, a bolinha do plano inclinado somente permaneceria em movimento perpétuo se acompanhasse a curvatura da Terra. No seu princípio da inércia, ele não adiciona o termo *"movimento retilíneo uniforme"*, mas somente *"movimento uniforme"*. Esse foi um grande debate de sua época, que foi finalizado por Newton. Newton associa a Galileu o princípio da inércia, mas na sua primeira lei adiciona a palavra *retilíneo*. Logo, um observador na superfície da Terra **não** é um observador inercial. Portanto, Galileu estava errado ao afirmar que é impossível perceber o movimento de rotação da Terra com experimentos na superfície. Todavia, como os efeitos da rotação são extremamente pequenos, tudo ocorre para nós como se não houvesse rotação. Podemos dizer que somos observadores *aproximadamente* inerciais.

Apesar de serem efeitos muito pequenos, é possível determinar os efeitos da rotação. Com esse intuito, em 1851 Foucault demonstrou a rotação da Terra em um experimento com pêndulo. É possível determinar que o plano de oscilação do pêndulo deve girar, como na Figura 1.13. Em tempos de negacionismo, esses pêndulos deveriam ser espalhados por todo o planeta.

Galileu usou ainda a "inércia circular" para afirmar que, ao contrário do que afirmava Aristóteles, os corpos não seriam "atirados para fora" da superfície. Todavia, foi somente Newton que compreendeu que isso não ocorre porque a força da gravidade é muito maior que a força "centrífuga" devido à rotação. De fato, os referenciais não inerciais terão um papel central na Teoria da Relatividade Geral de Einstein! Veremos isso no capítulo 5. Ainda discutiremos muito sobre referenciais neste livro. Todavia, deixamos aqui a pergunta: teria Galileu elaborado seu princípio da inércia, depois corrigido por Newton, se Foucault fosse seu contemporâneo? São curiosidades da história da ciência. Esse é um bom exemplo de que, de fato, os **cientistas** não são infalíveis. Mas a força da Ciência reside exatamente, não na infalibilidade ou autoridade de um cientista, mas na infalibilidade do **método científico**. E este teve o titã Galileu como um de seus fundadores.

Figura 1.13 – Pêndulo de Foucault

1.6.4 O que é uma Lei da Física?

Nossa jornada está somente no início, mas agora estamos prontos para responder a pergunta desse capítulo. O que é uma Lei da Física?

A primeira resposta encontrada por Galileu foi o cerne da revolução científica: qualquer lei deve passar pelo crivo da experimentação. E foi com experimentos que Galileu elaborou o princípio da Relatividade: "As leis da física são as mesmas em todos os referenciais inerciais". Qual a importância desse princípio? Imagine que Bob proponha alguma lei da física. Ele se sente feliz e apaixonado por sua linda lei. Todavia, ele leva a Galileu e o seguinte diálogo se segue:

1.6 A Ruína da Física Aristotélica

G: – Esta lei não está correta, ela não pode ser uma lei da física!

B: – Como chegou a essa conclusão tão rapidamente?

G: – Ela não obedece ao princípio da relatividade! Pelo que vejo da sua lei, ela não será a mesma para dois referenciais inerciais S e S'.

B: – Você consegue demonstrar isso?

G: – Claro, basta utilizar a transformação (1.6) e veremos que sua lei toma formas diferentes nos dois referenciais.

Bob fica enfurecido e tenta colocar Galileu na parede:

B: – E a sua lei da inércia? Em dois referenciais diferentes, os corpos terão velocidade diferentes, portanto, também não pode ser uma lei!

No que Galileu responde prontamente:

G: – A lei da inércia não afirma que a velocidade de um corpo é a mesma para qualquer referencial. Ela afirma que para ambos o movimento será uniforme, e será!

B: – E a lei de Huygens das colisões? Em referenciais diferentes os corpos terão momentos diferentes!

Mais uma vez, Galileu responde tranquilamente:

G: – A lei da conservação do momento não afirma que os momentos sejam iguais para S e S'. A lei de Huygens afirma que o momento total é o mesmo antes e depois da colisão. Assim ela será válida tanto para S como para S'. Se cada referencial vê as partículas com velocidades diferentes, não importa.

Xeque-mate! Bob volta para casa, mas aprende uma lição: daqui pra frente só irá propor uma lei que obedeça o princípio da relatividade!

Esse diálogo nos ensina que o princípio da relatividade é extremamente potente. Descobrimos que qualquer lei da física só pode ser válida se for a mesma para dois referenciais inerciais. Entretanto, isso não significa que todas as características observadas pelos referenciais serão iguais. Como vimos nesse capítulo, as velocidades são diferentes para referenciais diferentes. Isso mostra que o princípio da relatividade está errado? Muito pelo contrário. Mostra que ao formular leis da física, elas não podem depender da velocidade dos corpos. Newton, por exemplo, afirmou sua segunda lei utilizando a aceleração, e não a velocidade de um corpo. Como veremos mais à frente a aceleração é a mesma para dois referenciais inerciais. As leis de Newton passam pela navalha de Galileu! O próximo titã a resgatar as ideias de Galileu sobre referenciais e queda dos corpos foi Einstein. Com isso fundou as teorias da Relatividade Restrita e

Geral. Apesar de não ser um físico experimental, veremos como a cada passo Einstein, assim como Galileu, se preocupava com comprovações experimentais de suas descobertas. Einstein entendia, portanto, a importância de Galileu e certamente concordava com a famosa frase de Newton se referindo a ele: "se vi mais longe foi porque me apoiei em ombros de gigantes".

2. Einstein e o Viajante do Tempo

Nesse capítulo abordaremos duas consequência chocantes da relatividade restrita: a dilatação do tempo e a contração do espaço. É difícil imaginar como podemos fazer ou entender física em um cenário em que o próprio tempo e o espaço são relativos. Todavia, como dizia o próprio Einstein:

"Em física clássica é sempre assumido que relógios em movimento e parados têm o mesmo ritmo, que barras em movimento e paradas têm o mesmo comprimento. Se a velocidade da luz é a mesma em todos os referenciais, se o princípio da relatividade é válido, então devemos sacrificar essas suposições. É difícil se libertar de preconceitos tão enraizados, mas não existe outra alternativa. – Einstein e Infeld, A Evolução da Física."

Nesse e nos próximos capítulos desenvolveremos ferramentas e estudaremos as consequências dessa tão apaixonante teoria. Veremos que isso nos levará a uma viagem do núcleo do átomo até os confins do Universo. Tim-tim para Albert Einstein.

2.1 O Sonho de Einstein e o Experimento de Michelson-Morley

Aos 16 anos, Einstein teve um sonho no qual, montado em um cavalo, perseguia um raio de luz. A pergunta que Einstein se fez foi: o que se vê ao atingir uma velocidade igual à da luz? Isso denomina-se *gedankenexperiment*, termo alemão que significa "experimento mental", que foi utilizado

frequentemente por ele ao longo de sua carreira. A fim de entender o porquê dessa pergunta ser tão profunda, e levar a uma teoria revolucionária, devemos compreender um pouco sobre ondas eletromagnéticas. Faremos isso nesta seção.

2.1.1 Maxwell e a Velocidade da Luz

A descrição dos fenômenos elétricos e magnéticos começou a ser desenvolvida, matematicamente, a partir do século XVII. Todavia, foi somente em 1861 que James Clerk Maxwell encontrou as equações completas do eletromagnetismo. Ele descobriu soluções para o campo elétrico e magnético, no vácuo, que se comportam como uma onda. Nessa solução o campo elétrico varia no tempo, gerando um campo magnético. Por sua vez, o campo magnético varia no tempo, gerando um campo elétrico. E assim sucessivamente a onda se propaga. Ele conseguiu demonstrar qual era a velocidade, no vácuo, dessa onda: $v = 299.792.458$ m/s $\approx 300.000.000$ m/s. Esse era um fato bastante estranho para sua época: imaginar ondas feitas de campos elétricos e magnéticos. Esse tipo de onda nunca havia aparecido na física antes. Será que não? Maxwell observou que essa é exatamente a velocidade da luz! Ele propôs, então, que a luz é uma onda eletromagnética. Um pouco depois Hertz comprova experimentalmente essa previsão de Maxwell. Este unificou, assim, o eletromagnetismo com a ótica. Esse seria mais um capítulo no debate de quase dois séculos acerca da natureza da luz. Newton, por exemplo, defendia que a luz era formada por partículas. Por sua vez, Huygens defendia que era uma onda.

2.1.2 Em que meio a Luz se propaga

Podemos dizer que a descoberta de Maxwell em 1861 inaugura a relatividade especial. O fato é que, a partir de 1861, se desenrolaram vários debates que culminaram, em 1905, na teoria da relatividade especial. Ora, se a luz é uma onda, em que meio se propaga? Por exemplo, o som se propaga pelo ar, uma onda em um lago ou no mar se propaga através das partículas da água. Mas e quanto à luz? Um grande debate entrou em cena na física após a unificação de Maxwell. O grande problema era: a luz se propaga do Sol até a Terra, contudo entre a Terra e o Sol temos o vácuo. Então, como a onda de luz se propaga pelo nada, sem um meio? Além disso, não existia nenhum tipo de onda com uma velocidade tão alta como a da luz. O que poderia causar isso? Uma

2.1 O Sonho de Einstein e o Experimento de Michelson – Morley

boa analogia é a propagação de ondas em uma corda esticada. Assim como a luz, essas ondas são transversais. No caso da corda, é conhecido que $v = \sqrt{T/\mu}$, onde T é a força que puxamos a corda e μ é a densidade dela. Para possuir uma velocidade alta, devemos, portanto, aplicar uma tensão T imensa em uma corda. Por analogia, o meio em que a luz se propaga deveria suportar uma tensão altíssima. Como pode haver uma tensão tão alta no vácuo? Mesmo com propriedades bastante esquisitas, postulou-se a existência de um meio denominado éter. A luz seriam ondulações desse meio. Para um referencial parado em relação ao éter, a velocidade da luz seria $c = 300.000.000$ m/s.

Mesmo postulando a existência do éter, muitas perguntas estavam em aberto. Que referencial é esse, que está parado em relação ao éter? Seria o referencial do Sol? Mas o éter não precisa estar parado em relação ao Sol. Todavia, se o éter existir, podemos medir a nossa velocidade em relação a ele. Lembre que Alice determinou a velocidade de um trem medindo a velocidade do som em relação a ela, que estava no trem. Podemos fazer o mesmo com a luz.

Ou seja, se a velocidade da luz medida na Terra for diferente de c, saberemos a velocidade da Terra em relação ao éter! Todavia, lembre que a Terra gira ao redor do sol. Consequentemente, em cada época do ano, a Terra deve possuir uma velocidade diferente em relação ao éter. Isso pode ser visto na Figura 2.1. Um observador na Terra medirá, assim, uma velocidade da luz diferente ao longo do ano.

Figura 2.1 – Éter

Voltemos para Alice, agora uma experiente cientista. Ela recorda que, na juventude, calculou a velocidade de um trem relativa ao ar parado (ou ao solo). Para isso bastou medir o tempo de ida e volta de uma onda sonora, que ela determinou sendo

$$t = \frac{2L}{u_s} \frac{1}{1 - \frac{v^2}{u_s^2}} \tag{2.1}$$

Com isso, e comparando com o tempo de ida e volta para quem está parado em relação ao ar (ou solo), que é $2L/u_s$, ela determinou a velocidade do trem. Substitua agora o trem pela Terra e o Som pela luz. Se medirmos o tempo de ida e volta de um raio de luz até um espelho, saberemos a velocidade da Terra em relação ao éter!

E o sistema solar, estaria se movendo no Éter? O próprio Maxwell imaginou experimentos para medir isso. Em uma carta enviada para o Observatório Naval Americano em 1879, ele agradece o envio de algumas tabelas astronômicas sobre os eclipses das luas de Jupiter. Pretendia com esses dados medir a velocidade da luz e com isso a do sistema solar em relação ao éter! Todavia, a precisão das medidas não era boa o suficiente. Na mesma carta, ele comenta que, para experimentos terrestres, seria impossível medir qualquer diferença de velocidade [4]. Por exemplo, imagine que o referencial S' seja a Terra com velocidade 465 m/s. No caso acima, e considerando a distância entre os espelhos sendo $L = 10$m, um observador na Terra mediria uma diferença de tempo dada por

$$\frac{2L}{c} - \frac{2L}{c}\frac{1}{1 - \frac{v^2}{c^2}} = 0,000000000016s.$$

Para Maxwell, seria impossível medir uma diferença tão pequena. Todavia, essa carta foi lida por A. A. Michelson, que não aceitou a impossibilidade da medida. A partir de 1881 ele já tinha alguns resultados e posteriormente Morley se juntou a ele. Eles elaboraram o que hoje é conhecido como interferômetro. Essa é a mesma técnica usada para descobrir as ondas gravitacionais, como veremos mais à frente. A descoberta deles foi chocante: a velocidade da luz era a mesma para qualquer direção do equipamento e em qualquer época do ano! Em outras palavras: a velocidade da luz é 300.000.000 m/s, independente da velocidade do observador na Terra. Por analogia ao caso do som, seria como se, ao "correr atrás" dele, a velocidade continuasse 340 m/s.

2.2 Einstein e Relatividade Restrita

2.2.1 Postulados da Relatividade

Em 1905 Einstein soluciona o problema do éter com a Teoria da Relatividade Restrita (também usaremos as denominações relatividade " especial" ou "de Einstein"). Ela consiste em elevar o princípio da relatividade de Galileu a um postulado. Além disso, Einstein também afirma o resultado do experimento de Michelson-Morley como o segundo postulado. Portanto, a Relatividade Restrita é baseada nos seguintes postulados:

1) *As leis da física são as mesmas em todos os referenciais inerciais.*
2) *A velocidade da luz no vácuo é a mesma em todos os referenciais inerciais.*

Se a velocidade da luz é a mesma para todos os referenciais, ela não precisa de um meio, ou um referencial específico, segundo o qual sua velocidade será c.

2.2 Einstein e Relatividade Restrita

Segundo o próprio Einstein, ele não conhecia os experimentos de Michelson-Morley. Suas motivações eram os fenômenos eletromagnéticos e particularmente a luz. Como dito antes, Maxwell descobriu que a luz é formada por campos magnéticos e elétricos variando no tempo. Por sua vez, as equações de Maxwell também implicam que as únicas formas de obter um campo magnético é através de um campo elétrico variando no tempo ou com movimentos de cargas elétricas. Aí entra o sonho de Einstein! Se fosse possível seguir a luz no vácuo, com velocidade c, veríamos ela parada, estática. Portanto, veríamos um campo elétrico e magnético estáticos. Mas isso é proibido pelas equações de Maxwell! Um campo magnético, sem uma corrente elétrica estacionária como fonte, só pode existir na presença de um campo elétrico variando no tempo! Com isso, ele propôs que a velocidade da luz será sempre c para todos os referenciais. Dessa forma, nunca será possível vê-la "parada". De qualquer forma, posteriormente ele tomou conhecimento dos experimentos de Michelson-Morley, que para ele corroboraram a Relatividade Restrita.

Note que o segundo postulado parece entrar em contradição com o primeiro. Vimos nas transformações de Galileu que a velocidade de um objeto é diferente para dois referenciais inerciais. Isso não funciona para a luz? Imagine que você lança um laser com velocidade c e "corre atrás" dele com velocidade $c/2$. Galileu diria que a velocidade observada seria $c - c/2 = c/2$. Todavia, o segundo postulado afirma que será c para os dois observadores. E agora? No artigo de 1905 Einstein afirma:

"Vamos elevar esta conjectura (a qual passará a ser chamada de "Princípio da Relatividade") para o status de um postulado, e também introduzir outro postulado, que é apenas aparentemente inconciliável com o primeiro, a saber, que a luz sempre se propaga em espaços vazios com uma velocidade definida c que é independente do estado de movimento do corpo emissor."

Veremos mais à frente que o segundo postulado é *apenas aparentemente inconciliável com o primeiro*. Para isso, teremos que encontrar uma nova fórmula de adição de velocidades para que todos os referenciais vejam a luz com a mesma velocidade! Por agora podemos dar um spoiler: ela se baseia no fato de que o princípio da relatividade não implica necessariamente as transformações de Galileu. Todavia, somente no capítulo 4 vamos encontrar as transformações completas da Relatividade Restrita, que relacionam os referenciais S e S'. Por enquanto, vamos nos habituar a algumas consequências mais diretas do segundo postulado.

> **Exercício 2.1** Segundo os postulados da relatividade, assinale o que será sempre igual para todos os referenciais: **a)** A massa dos objetos. **b)** A velocidade da luz na água. **c)** A velocidade da luz no vácuo. **d)** A velocidade da Terra. **e)** O Campo Elétrico.

2.2.2 Dilatação do Tempo

Vejamos algumas consequências dos postulados da Relatividade. Para isso vamos imaginar um "relógio de Luz", que consiste em dois espelhos a uma distância d.

Um raio de luz reflete na direção vertical, como na Figura 2.2. O intervalo de tempo t' consiste em um ciclo de ida e volta do raio. Com esses dados e utilizando nossas expressões para o movimento uniforme, obtemos:

$$2d = ct' \rightarrow t' = \frac{2d}{c} \qquad (2.2)$$

Considere agora que esse relógio está com uma velocidade v em relação ao referencial S, como na figura 2.3.

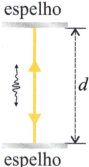

Figura 2.2 – Relógio de luz parado em S'

Qual será o tempo de ida e volta do raio de luz para S? Chamaremos de t e t' os tempos medidos por S e S'. Dessa forma, vamos verificar se $t = t'$, como no caso Galileano. Primeiramente, da Figura 2.3, vemos que a distância percorrida pelo raio de luz será $2s$, que é maior que $2d$. Para calcular s, podemos utilizar o teorema de Pitágoras e obtemos:

$$s^2 = d^2 + x^2. \qquad (2.3)$$

Agora podemos expressar essas quantidades de acordo com nossas velocidades. Como o referencial S' tem uma velocidade v em relação a S, temos que $x = vt/2$ (note o uso de t e não t'). Note ainda que utilizamos $t/2$ pois estamos considerando o tempo de subida que é meio ciclo. E para o referencial S? No caso de Galileu, a velocidade da luz para S seria $c_S = \sqrt{c^2 + v^2}$. Todavia, o segundo postu-

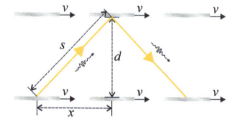

Figura 2.3 – Relógio de luz em movimento em relação a S

lado da Relatividade Restrita afirma que a velocidade da luz continua sendo c!!

2.2 Einstein e Relatividade Restrita

Ou seja, temos que $s = ct/2$. Substituindo esses resultados, e (2.2), em (2.3) obtemos

$$\frac{(ct)^2}{4} = \frac{(vt)^2}{4} + \frac{(ct')^2}{4} \rightarrow t = t' \frac{1}{\sqrt{1 - \frac{v^2}{c^2}}}. \tag{2.4}$$

Surpresa! O tempo em S é diferente do tempo em S'. Isso contesta uma das principais bases da física até o século XX. Utilizada por Galileu e Newton para fundar as bases da ciência moderna. Isso fez Einstein desistir de suas ideias? De forma alguma. De fato, essa ideia é extremamente contraintuitiva do ponto de vista cotidiano. Resta agora a pergunta: como fazemos física se para cada referencial o tempo passa diferente? Vai tudo virar uma bagunça? Não à toa, e discutiremos isso mais à frente, por décadas os físicos propuseram paradoxos e contradições na Teoria da Relatividade. Todavia, sempre se mostrou que, de fato, eram somente paradoxos e contradições "aparentes". Nos próximos capítulos vamos apresentar e mostrar como resolver esses paradoxos. Por enquanto, vamos explorar as consequências dessa descoberta tão intrigante: a dilatação do tempo. O próprio Einstein propôs duas formas de testá-la:**a)** comparando relógios nos polos e no equador. **b)** Medindo o efeito Doppler transversal.

O fator de dilatação é chamado de fator de Lorentz e é dado por $\gamma \equiv 1/\sqrt{1 - \frac{v^2}{c^2}}$ (se pronuncia "gama"). Primeiramente vejamos a sugestão de Einstein de testar a dilatação comparando relógios no equador e nos polos. Determinamos, no exercício 1.16, que a velocidade de um ponto no equador é 460 m/s. Vejamos qual fica o valor de γ no exercício abaixo:

> **Exercício 2.2** Mostre que, para $v = 460$ m/s, temos $v/c = 0,00000153333$ e $\gamma = 1,0000000000011757$. ▪

Ou seja, temos $t_P = 1,0000000000011757 t_E$. Isso pode ser medido? Vejamos:

> **Exercício 2.3** Mostre que, depois de um ano, a diferença de tempo entre os relógios do polo e do equador é $t_P - t_E = 0,000037$ s. ▪

Vemos então que, mesmo para uma velocidade tão grande quanto 460 m/s = 1656 km/h, o atraso é bastante pequeno. Bom, certamente na época de Einstein não existiam relógios com tamanha precisão. Todavia, isso também nos mostra a razão de não observarmos efeitos relativísticos no nosso dia a dia. Daqui para frente chamaremos efeitos "relativísticos" aqueles da relatividade restrita, e não de Galileu.

Anos depois foi compreendido pelo próprio Einstein que relógios nos polos e no equador não se atrasam. Estaria a teoria de Relatividade Restrita errada?

62 Capítulo 2. Einstein e o Viajante do Tempo

Não! Note que existe algo que não estamos levando em conta: nossos observadores no polo e no equador estão sob o efeito da gravidade! Para compreender os efeitos da gravidade sobre os relógios precisaremos aprofundar nossos conhecimento da Relatividade Restrita para posteriormente compreender a Relatividade Geral. Isso ficará para os capítulos 5 e 6. Todavia, sem ansiedade! A solução é que os efeitos gravitacionais cancelam **exatamente** os efeitos de velocidade no equador! Que coisa! Imaginem só: se existissem relógios extremamente precisos em 1905, o experimento proposto pelo próprio Einstein convenceria ele de que a Relatividade Restrita estava errada? Teria ele, então, seguido com a teoria da Relatividade Geral? Coisas da história!

> **Exercício 2.4** Um homem observa um fenômeno que ocorre em repouso no seu referencial e tem uma duração de 10 s. Para uma outra pessoa, que se move em relação a ele, com uma velocidade que equivale a $\gamma = 4$, qual é a duração deste evento? ∎

> **Exercício 2.5** Qual a velocidade que um referencial S' deve ter para que o tempo medido por ele seja 10 vezes o valor do tempo medido em S? ∎

> **Exercício 2.6** No ano de 2120 uma comunidade de exploradores se instalou em Enceladus, uma lua de Saturno a $1,4$ bilhões de km da Terra e que contém água. Considere que um relógio foi enviado da Terra para Enceladus, a uma velocidade de $0,8c$. **a)** Para um observador na Terra, quanto tempo passa para o relógio chegar até Enceladus? **b)** Para esse observador, em quanto se dilata o tempo do relógio? **c)** De quanto se atrasará esse relógio? ∎

2.3 O Experimento de Hafele e Keating e o GPS

É possível comprovar a dilatação do tempo utilizando relógios na Terra? Incrivelmente, a resposta é sim. Isso foi feito por Hafele e Keating em 1972. Para entender esse experimento, precisaremos revisar algumas ferramentas matemáticas para facilitar nossa vida.

2.3 O Experimento de Hafele e Keating e o GPS 63

2.3.1 Prática com γ

Note que temos usado números bastante grandes, como a velocidade da luz, e extremamente pequenos, como o atraso relativístico de relógios. Para simplificar, vamos utilizar a notação científica. Ela consiste em escrever um número em termos de potências de 10. Por exemplo, $100 = 10^2$; $1000 = 10^3$; $0,1 = 10^{-1}$; $0,0001 = 10^{-4}$ e assim por diante. Outras definições úteis são $10^3 = $ kilo; $10^6 = $ mega; $10^{-3} = $ mili; $10^{-6} = $ micro; $10^{-9} = $ nano. Também pode se adicionar uma letra para simplificar mais ainda, de modo que microssegundo $= \mu s$ e nanossegundo $= $ ns, por exemplo. Nessa notação, a velocidade da luz se escreve como $c = 3 \times 10^8$ m/s.

Para denotar um número muito menor do que outro, usamos o símbolo "$\ll$". Por exemplo, acima vimos alguns casos em que $v/c \ll 1$. Vimos ainda que, nesse caso, nosso γ ficou muito próximo de 1. Existe algum forma prática de, se v/c for muito menor que 1, obter γ e, portanto, o atraso dos relógios? A resposta é sim! Para isso vamos precisar de algumas ferramentas matemáticas. Primeiramente considere a expressão $(1+0,001)^2$. Existe alguma forma simples de obter o valor aproximado? Note que existem duas formas de calcular isso. Uma é simplesmente fazendo $1,001^2 = 1,002001$. A outra é usando binômio de Newton e obtemos $1 + 2 \times 0,001 + (0,001)^2 = 1 + 0,002 + 0,000001$. Note que $0,000001 \ll 0,002$. Uma boa aproximação é, então, ignorar o último termo do binômio. Com isso obtemos $(1 + 0,001)^2 \approx 1,002$. De fato essa é uma boa aproximação, pois o valor exato é $1,002001$. Como encontrar uma fórmula para isso? Vamos chamar nossa quantidade muito pequena de ϵ (se pronuncia "épsilon"), ou seja, $\epsilon \ll 1$. Esse símbolo é estranho, mas também é estranha a ideia de "algo muito pequeno". Para obter uma aproximação para $(1 + \epsilon)^2$, usamos novamente o binômio de Newton:

$$(1 + \epsilon)^2 = 1 + 2\epsilon + \epsilon^2. \tag{2.5}$$

Ora, se ϵ é muito pequeno, ϵ^2 é muito menor e esse termo pode ser ignorado. Obtemos, portanto:

$$(1 + \epsilon)^2 \approx 1 + 2\epsilon, \tag{2.6}$$

onde o símbolo $\approx$ quer dizer aproximadamente igual. Vejamos que essa fórmula funciona no exercício abaixo.

> **Exercício 2.7** Use $\epsilon = 0,0001$ nos dois lados da igualdade (2.6) e mostre que temos uma boa aproximação. ∎

E para o expoente 3? Temos do binômio de Newton que $(1 + \epsilon)^3 = 1 + 3\epsilon + 3\epsilon^2 + \epsilon^3$. Ora, novamente, se ϵ é muito pequeno, ϵ^2 e ϵ^3 são muito menores e

64   **Capítulo 2. Einstein e o Viajante do Tempo**

podem ser ignorados. Obtemos, então, como boa aproximação, que $(1 + \epsilon)^3 \approx 1 + 3\epsilon$. Utilizando o binômio de Newton, nossa fórmula pode ser facilmente generalizada para qualquer n inteiro positivo e obtemos:

$$(1 + \epsilon)^n \approx 1 + n\epsilon. \tag{2.7}$$

E se n for um inteiro negativo? Vamos abstrair um pouco mais. Se n é negativo significa que temos, por exemplo, $(1 + \epsilon)^{-1} = 1/(1 + \epsilon)$. Como poderemos encontrar um valor aproximado para $1/(1 + \epsilon)$? Lembre para isso da fatoração $(1 + \epsilon)(1 - \epsilon) = 1 - \epsilon^2$. Do lado direito dessa equação temos ϵ^2, que temos desconsiderado, e obtemos $(1 + \epsilon)(1 - \epsilon) \approx 1$. Isso implica que

$$(1 + \epsilon)^{-1} = \frac{1}{1 + \epsilon} \approx 1 - \epsilon. \tag{2.8}$$

Nossa expressão (2.7), portanto, também vale para $n = -1$. Muito interessante. Podemos continuar nossa brincadeira e elevar os dois lados da Eq. (2.8) a n para obter $(1 + \epsilon)^{-n} \approx 1 - n\epsilon$. Nossa expressão 2.7 vale para qualquer inteiro n. E para números racionais? Basta substituir ϵ por ϵ/n na Eq. (2.7) para obter $(1 + \frac{\epsilon}{n})^n \approx 1 + \epsilon$. Logo, tirando a raiz "enésima", obtemos $(1 + \frac{\epsilon}{n}) \approx (1 + \epsilon)^{1/n}$. Finalmente, elevamos essa última expressão a m e obtemos que, de fato, a aproximação (2.7) é válida para qualquer n racional!

Usando uma calculadora (pode ser do seu celular mesmo), é possível verificar que a expressão $1 + n\epsilon$ é de fato uma boa aproximação para a expressão $(1 + \epsilon)^n$ quando o valor de ϵ é bem pequeno. Para isso, basta calcular o valor de $1 + n\epsilon$, o valor exato de $(1 + \epsilon)^n$ e a diferença entre eles. Por exemplo, considere $n = 4$ e $\epsilon = 0,01$. Temos $(1 + 0,01)^4 = 1,004006$ e $1 + 4\epsilon = 1,004$. A diferença entre os dois valores é $1,004006 - 1,004 = 0,000006$ e temos uma boa aproximação. Agora vamos treinar um pouco.

> **Exercício 2.8** Para os seguintes casos, calcule a diferença entre $(1 + \epsilon)^n$ e $1 + n\epsilon$. Com isso conclua que nossa aproximação é boa. **a)** $n = 3; \epsilon = 0,01$ **b)** $n = 5; \epsilon = -0,001$ **c)** $n = -5; \epsilon = -0,001$ **d)** $n = 1/2; \epsilon = -0,01$ **e)** $n = -1/3, \epsilon = 0,001$. ∎

Não fiquem assustados com a matemática. Segundo Feynmann, um dos fundadores de eletrodinâmica quântica: *"Não se pode compreender... a universalidade das leis da natureza, a relação das coisas, sem uma compreensão da matemática. Não há outra maneira de fazê-lo.".*

Agora, depois dessa bela matemática, podemos usar a Eq. (2.7) para obter uma aproximação para nosso fator $\gamma = \left(1 - \frac{v^2}{c^2}\right)^{-1/2}$. Nesse caso $\epsilon = -v^2/c^2$ e $n = -1/2$. Obtemos

$$\gamma = \left(1 - \frac{v^2}{c^2}\right)^{-1/2} \approx 1 + \frac{v^2}{2c^2}, \tag{2.9}$$

2.3 O Experimento de Hafele e Keating e o GPS

Parece que nosso esforço valeu a pena. Com um cálculo simples agora podemos obter o atraso de nossos relógios!! Ele é dado por:

$$T = \frac{T_0}{\sqrt{1 - \dfrac{v^2}{c^2}}} \Rightarrow T_0 = T\sqrt{1 - \frac{v^2}{c^2}} \cong T\left(1 - \frac{v^2}{2c^2}\right) \tag{2.10}$$

logo,

$$T - T_0 = \frac{1}{2}\frac{v^2}{c^2}T \tag{2.11}$$

> **Exercício 2.9** Use a expressão acima para encontrar o resultado do exercício 2.3. ∎

Apesar do pequeno valor, na metade do século XX, relógios atômicos foram desenvolvidos. Sua precisão é tamanha que eles seriam capazes de medir esse pequeno atraso e comprovar a relatividade. Veremos isso na próxima seção.

2.3.2 O Voo do Relógio de Césio

Na década de 1955, Louis Essen desenvolveu o primeiro relógio atômico de Césio. Esse relógio utiliza uma frequência igual a 9.192.631.770 ciclos/s, e, portanto, cada ciclo é de $0,1\,\mathrm{ns} = 10^{-10}\,\mathrm{s}$. Ele é um dos relógios atômicos mais precisos que existem e atrasa no máximo $2\,\mathrm{ns}$ por dia. Devido a isso, o Sistema Internacional de Unidades redefiniu o segundo como sendo 9.192.631.770 ciclos do relógio de Césio. Note que a precisão é de nanossegundos por dia. Isso abriu as portas para medir o efeito da dilatação do tempo em relógios. Todavia, não foi Essen quem fez isso pela primeira vez.

Hafele era um professor assistente de física da universidade de St. Louis. Quando estava preparando suas notas para um curso, percebeu que um relógio atômico viajando em um avião comercial possui precisão o suficiente para detectar a dilatação relativística do tempo. Essa simples ideia rendeu a ele um artigo na prestigiosa revista *Nature* [2]. E foi assim que Hafele e Keating mediram esse efeito em 1972. Como dito no capítulo 1, eles consideraram três relógios: um no Observatório Naval Americano (ONA) e dois relógios em aviões, com velocidades 250 m/s, indo para Leste e Oeste, respectivamente. O tempo de voo foi de $t = 34,44$ h. Eles são mostrados na Figura 2.4.

Capítulo 2. Einstein e o Viajante do Tempo

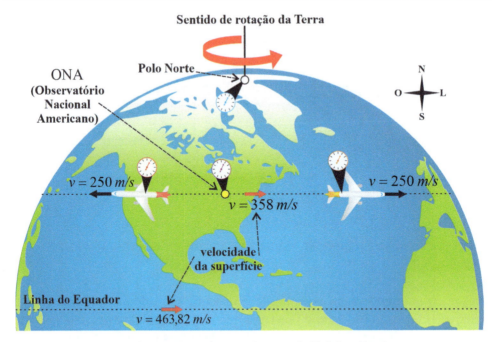

Figura 2.4 — Aviões do experimento de Hafele e Keating

Vamos agora usar nossos conhecimentos de relatividade para compreender esse experimento. Veremos que muitas sutilezas da relatividade estão nesse caso. Vamos fazer o cálculo detalhado e comparar com o experimento de 1972. Depois disso, vocês já poderão dizer que são relativistas! Primeiramente devemos nos perguntar: o relógio em um dos aviões se atrasa, em relação a um relógio na Terra, de acordo com a Eq. (2.11)? Lembre, como discutido no capítulo 1, que devido à rotação da Terra o referencial na superfície não é inercial. Ora, a relatividade é válida somente para referenciais inerciais, e agora? Existe um único referencial na superfície da Terra que é inercial: o referencial nos polos, pois lá a aceleração centrífuga é nula. Logo, esse é o observador que irá medir corretamente o atraso dos relógios. Precisamos, então, das velocidades dos aviões em relação ao observador do polo. Ainda no capítulo 1 fizemos esse cálculo. Vamos relembrar aqui. Na latitude do ONA, a velocidade da superfície é 358 m/s para leste em relação ao polo e a velocidade do aviões será **a)** 358 + 250 = 608 m/s para leste e **b)** 358 − 183 = 108 m/s para oeste.

Vejamos como ficam os atrasos dos relógios dos aviões, **relativamente aos polos**. Vamos chamar de ΔT_L o atraso no relógio do avião para Leste e ΔT_O para Oeste. Para obter ΔT_L, primeiramente lembre que o tempo total de voo $T_{voo} = 34,44$h $= 123.984$ s. Com isso e a velocidade relativa ao polo (608 m/s), obtemos da expressão (2.11):

$$\Delta T_L = \frac{1}{2}\frac{v^2}{c^2}T_{voo} = \frac{1}{2}\frac{(608)^2}{(3\times 10^8)^2}\times 148.320 = 289\times 10^{-9}\text{s} = -254 \text{ ns} \quad (2.12)$$

2.3 O Experimento de Hafele e Keating e o GPS

Por sua vez, utilizando a velocidade para oeste $= 108$ m/s, obtemos $\Delta T_O = -9,6$ ns. Note que o nosso relógio de Césio tem precisão suficiente para medir esses valores. Todavia, o relógio de Hafele não estava no polo, mas no ONA. Como dito antes, precisamos, então, calcular quais foram os atrasos dos relógios nesse observatório, relativamente ao polo. Obtemos:

> **Exercício 2.10** Considere o tempo $T_{voo} = 34,44$h $= 123.984$ s e a velocidade 358 m/s do ONA em relação ao polo. Use a expressão (2.11) e encontre o atraso, ΔT_{ONA}, entre os relógios dos polos e do ONA. ∎

Agora temos o atraso do relógio dos aviões e do ONA em relação ao polo. Com isso, o atraso entre os relógios pode ser obtido facilmente. Basta subtrair os atrasos dos relógios. Assim, ao comparar os relógios dos aviões com os do ONA, devemos obter um atraso de: **a)** -166 ns para o avião que foi para Leste e **b)** $78,4$ ns para o avião que foi para Oeste. Veja que interessante. De acordo com esse cálculo, o tempo do avião que vai para Leste passa mais lento, mas o tempo do avião que vai para Oeste passa mais rápido. Mas o tempo para quem se move não passa **sempre** mais lento? Aí entra novamente a importância do referencial inercial. Como dissemos antes, quem pode afirmar corretamente o atraso entre os relógios do ONA e dos aviões é o observador inercial nos polos. Para esse referencial, a velocidade do avião que vai para Leste é (608 m/s), maior que a velocidade de quem está na superfície, com velocidade 358 m/s. O tempo do relógio desse avião deve passar mais lento que o da superfície. Já a velocidade do avião que vai para Oeste é 108 m/s, menor que a velocidade de 358 m/s da superfície. O tempo do relógio da superfície deve passar mais lento que o desse avião! Se considerássemos o ONA como um referencial inercial, os relógios dos dois aviões deveriam se atrasar em relação ao do ONA. Isso pode ainda ser visto como uma prova de que a Terra não é um referencial inercial e, portanto, gira. Podemos dizer que é uma versão relativística do pêndulo de Foucault.

Esse resultado foi medido? Na tabela 2.1, estão os resultados experimentais encontrados por Hafele e Keating.

Tabela 2.1 – Experimento de Hafele e Keating

(a) Resultados previstos pela relatividade

Efeito	Direção	
	Leste	Oeste
Gravitacional	144	179
Cinemático	-184	96
Resultante	-40	275

(b) Resultado experimental

	$\Delta\tau$ (nseg)	
	Para o leste	Para o oeste
atraso± erro	-59 ± 10	273 ± 7

Podemos dizer que sim. Ao comparar os dois relógios, Hafele e Keating encontraram um atraso de -59 ± 10 ns para o avião que foi para Leste. Essa notação significa que, considerando erros experimentais, o valor deve estar entre $-59+10 = -49$ ns e $-59-10 = -69$ ns. Eles também encontraram 273 ± 7 ns para o que foi para Oeste. O que ocorre? Como dissemos anteriormente, existe um outro efeito que não levamos em conta: o atraso de relógios devido à gravidade, que abordaremos no capítulo 5. O resultado medido, é claro, deve considerar os dois efeitos. Se subtrairmos o efeito gravitacional, o resultado medido bate aproximadamente com o calculado por nós. O pequeno erro se deve ao fato de que os aviões não seguiram linha reta e também não viajaram a velocidade sempre constante, fazendo várias paradas antes de completar uma volta na Terra. Ao considerar esses fatores, é possível chegar a 2.1a. Nos problemas abaixo, iremos desconsiderar os efeitos gravitacionais.

> **Exercício 2.11** Se o avião que fez a viagem para o leste a fizesse com uma velocidade média de 1800 km/h em relação à superfície da Terra, quanto deveria ser a duração do voo para que houvesse um atraso de 1 segundo em relação a um observador na superfície da Terra? Use $v_{Terra} = 358,33\,\text{m/s}$. ∎

> **Exercício 2.12** Considere que um avião parte do ONA para Oeste e que o voo dura 48 horas. Qual deve ser a velocidade do avião para que o atraso entre os relógios seja de 1 ns? Essa velocidade seria possível para um avião comercial comum, que normalmente atinge, no máximo, uma velocidade em torno de 1000 km/h? Use $v_{ONA} = 358,33$ m/s. ∎

> **Exercício 2.13** De quanto tempo seria o atraso de relógio colocado na Lua, em relação ao do Polo Norte, após um dia? Considere a distância entre a Lua e a Terra = 384400 km e o período da órbita da Lua em torno da Terra = 27.3 dias. ∎

2.3.3 O GPS e a Relatividade

Agora suponha que queiramos simplificar o cálculo acima, do atraso entre os relógios na Terra e em voo. Para isso, vamos refazer os passos da seção anterior, mas sem usar uma velocidade específica. Vamos chamar de v_S a velocidade do relógio na superfície em um ponto diferente do polo. As velocidades dos aviões que vão para leste e oeste chamaremos v_L e v_O, respectivamente. Chamaremos

2.3 O Experimento de Hafele e Keating e o GPS

o atraso do relógio da superfície em relação ao polo ΔT_S. Usando a nossa fórmula (2.11), obtemos:

$$\Delta T_S = -\frac{v_S^2}{2c^2} T_{voo} \qquad (2.13)$$

Já para os aviões, temos que calcular a velocidade dos relógios em relação ao polo. Para o avião que vai para Leste, temos $v_S + v_L$ e para o avião que vai para Oeste temos $v_S - v_O$. Com isso obtemos os respectivos atrasos:

$$\Delta T_L = -\frac{(v_S + v_L)^2}{2c^2} T_{voo}, \quad \Delta T_O = -\frac{(v_S - v_O)^2}{2c^2} T_{voo} \qquad (2.14)$$

Como vimos anteriormente, para obter o atraso entre os relógios da superfície e dos aviões, devemos subtrair os dois atrasos. Obtemos:

Exercício 2.14 Defina ΔT_{SL} e ΔT_{SO} como sendo os atrasos entre o relógio da superfície e dos aviões para Leste e Oeste, respectivamente. Subtraia as equações (2.13) e (2.14) para obter:

$$\Delta T_{SL} = -\frac{2v_S v_L + v_L^2}{2c^2} T_{voo}, \quad \Delta T_{SO} = -\frac{-2v_S v_O + v_O^2}{2c^2} T_{voo}. \qquad (2.15)$$

Com a fórmula acima, podemos obter facilmente os resultados dos experimentos anteriores.

Exercício 2.15 Use a expressão (2.15) para reobter os resultados de Hafele Keating e dos exercícios da seção anterior.

Finalmente podemos aplicar nossos resultados para o GPS. Esse sistema consiste num conjunto de satélites em órbita que usam ondas eletromagnéticas (luz em frequências não visíveis) para fornecer a posição e o horário de qualquer lugar na Terra. Com qual precisão essa posição é obtida? Depende da precisão dos relógios usados nos satélites. Considere, por exemplo, um erro máximo de 15 metros na posição. Em quanto tempo a luz percorre essa distância? $50 \times 10^{-9} = 50$ ns. Isso implica que se um relógio no satélite se atrasa em relação ao da Terra em 50 ns, o

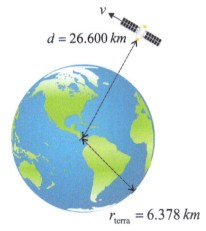

Figura 2.5 – GPS e a Relatividade

70 Capítulo 2. Einstein e o Viajante do Tempo

erro de distância será de 15 metros. Logo, devido aos atrasos relativísticos estudados anteriormente, é necessário levar em conta esses efeitos. Parece pouco? Lembre que os atrasos relativísticos são acumulativos e vão aumentando com o tempo. Os satélites devem, portanto, estar munidos com relógios atômicos de Césio de alta precisão. Vejamos de quanto é exatamente o atraso relativístico.

> **Exercício 2.16** Os satélites estão a 26600 km de altitude e o período de uma volta completa, em relação ao equador, é de 12 horas. **a)** Calcule a velocidade do satélite. **b)** Qual o atraso, depois de 24h, do relógio do satélite em relação ao polo?

> **Exercício 2.17** Considere agora que a velocidade de rotação da Terra na Linha do Equador é de $463,82$ m/s. Qual o atraso do relógio, nessa linha, depois de 24h, em relação ao polo?

> **Exercício 2.18** Use os resultados acima e calcule o atraso, depois de 24h, entre os relógios no equador e no satélite.

> **Exercício 2.19** Qual o erro na distância percorrida pela luz devido à diferença de tempo da questão anterior? Esse erro é tolerável?

> **Exercício 2.20** Um satélite de um sistema de GPS orbita a Terra com uma velocidade de $3,9$ km/s. Quanto tempo leva para que um relógio na Terra ganhe 1 segundo em relação ao relógio a bordo do satélite? Considere que o experimento ocorre sobre a Linha do Equador e use a expressão 2.15.

Após o seu sucesso, o experimento de Hafele-Keating foi repetido algumas vezes. Em alguns desses experimentos se considerava que um único avião vai no sentido Leste e, posteriormente, retorna no sentido Oeste para o ponto de partida. Se as velocidades e os tempos de viagem para Leste e Oeste são os mesmos, obtemos uma considerável simplificação. Isso ocorre pois devemos somar os tempos de ida e volta, para Leste e para Oeste, da Eq. (2.15) e obtemos:

> **Exercício 2.21** Considere $v_L = v_O = v$ e some as duas expressões da Eq. (2.15) para obter $\Delta T_{\text{um avião}} = -v^2 T_{voo}/c^2$.

2.4 Mensagem das Estrelas e a Contração do Espaço

Nesse caso, temos que o atraso dos relógios depende somente da velocidade do avião. Ou seja, nosso resultado não depende da velocidade da superfície da Terra e é válido para qualquer latitude! Use esse resultado para resolver os seguintes exercícios.

Exercício 2.22 Entre 1975 e 1976, a Universidade de Maryland resolveu repetir o experimento feito por Hafele-Keating, porém com instrumentos de melhor precisão. Um avião, com velocidade média de 138 m/s, fez uma viagem de ida e volta ao longo da Baía de Chesapeake, a 8,9 km de altitude. Se o tempo total de voo foi 15 horas, use o exercício acima e descubra qual foi o atraso entre os relógios.

Exercício 2.23 Em 1996, o National Physical Laboratory (NPL) fez um novo experimento após o aniversário de 25 anos do experimento de Hafele-Keating. Nele, um avião voou de Londres até Washington e depois retornou a Londres. Supondo que a velocidade média do avião seja de 660 km/h e que o tempo total de voo tenha sido de 12 horas, calcule o atraso entre os relógios.

2.4 Mensagem das Estrelas e a Contração do Espaço

Após tantas conversas de física com sua amiga, Bob havia decidido fazer um curso de relatividade para o ensino médio. Após sua aula, foi passear pelo Benfica. Ele descobriu que a relatividade restrita foi testada com relógios macroscópicos. Todavia, as velocidades envolvidas são bastante baixas. Ele começa a se perguntar: – Existe alguma forma de testar a relatividade para o caso de altas velocidades? Existe algum fenômeno natural em que os objetos se movam com velocidades próximas à da luz? Perdido em pensamentos, ele ouve: "A resposta é sim!". Chega a pensar que a relatividade o está enlouquecendo, fazendo ouvir vozes, mas quando olha para trás vê Alice. Ela está em uma crise de riso e comenta.

A: – Que coisa engraçada, Bob. Eu te vi e vim falar com você. Ao chegar por trás, vi você falando sozinho sobre relatividade e respondi sua pergunta. Novamente perdido em pensamentos?

72 　　　　　　　　　　**Capítulo 2. Einstein e o Viajante do Tempo**

Bob dá uma gargalhada da situação. Fica muito feliz por encontrar sua amiga. Os dois se sentam em um banco na praça Rosa da Fonsêca[3] e ele comenta, ainda rindo:

B: – Eu nem sabia que estava falando em voz alta. Essa aula de relatividade está me deixando bem pensativo. Engraçado que o nome do livro utilizado é "Alice no País da Relatividade". Deve ser em sua homenagem. – Bob fala e dá uma risada.

A: – Claro que não! – Responde Alice, rindo da brincadeira.

B: – Então, a resposta pra minha pergunta é sim? – Fala Bob, se referindo à pergunta inicial.

A: – É, Bob! No fim do século XIX, a radioatividade foi descoberta por Becquerel ao estudar o Urânio. Nessa época já era conhecido que campos elétricos e magnéticos podiam gerar movimentos de cargas (e vice-versa), e com isso toda sorte de fenômenos luminosos. Todavia, não se sabia que algo material podia "sair" naturalmente da matéria. Isso rendeu a ele o prêmio Nobel em 1903, que foi dividido com Marie Curie e Pierre Curie. Esses últimos descobriram, após Becquerel, dois novos elementos radioativos: o Polônio e o Rádio. Foi uma descoberta e tanto. O fato de que existem elementos que emitem radiação sem que nada seja feito a eles mostrou que a matéria não é inerte. Esse foi o início de uma longa aventura para desvendar os segredos da matéria.

B: – Que legal. Devia ter alguma radiação dessas no bolinho do País das Maravilhas. – Brinca Bob, causando uma risada em Alice, que continua.

A: – Logo após a descoberta da radioatividade, os físicos testaram se ela estava presente na atmosfera terrestre, longe dos materiais radioativos, e descobriram que sim. Mais do que isso, eles descobriram que na atmosfera existe algum tipo de radiação mais penetrante que a encontrada no Urânio, por exemplo. De onde vem essa radiação? Da própria Terra? Em 1912, Victor Hess decidiu testar se essa radiação diminui ao se afastar da superfície. Para isso utilizou um balão e descobriu o contrário: a radiação aumenta com a altura. A conclusão foi que a radiação vem do espaço! A essa radiação se denominou raios cósmicos. Por essa descoberta Hess ganhou o premio Nobel em 1936.

B: – O cosmos não é tão vazio como eu imaginava! E o que isso tem a ver com a relatividade? – Pergunta Bob

A: – Tudo! Estudando os raios cósmicos, Carl Anderson, em 1936, descobriu uma nova partícula chamada "múon". Representamos ela pelo símbolo μ (pronunciamos "míon"). O μ tem a mesma carga, mas uma massa 200 vezes maior que a do elétron. Essa foi a primeira de inúmeras novas partículas que irão compor o Modelo Padrão das Partículas Elementares, que precisou de muitas déca-

---

[3]Originalmente praça da Gentilândia. Recentemente renomeada em homenagem a Rosa da Fonseca por sua luta contra a ditadura, pelas mulheres e contra o capitalismo. Ela era tia e madrinha do autor do presente livro. Deixo aqui essa singela homenagem.

2.4 Mensagem das Estrelas e a Contração do Espaço

das para ficar completo. Os físicos entenderam, então, que o estudo de raios cósmicos era uma forma de se descobrir novas partículas.

B: – Uma nova partícula? Nunca ouvi falar disso na escola.

A: – No livro de relatividade do seu curso com certeza deve ter! Logo ficou claro que a radiação, que vem do espaço, colide com átomos na atmosfera, na região entre 10 e 35km de altura.

Essas colisões geram chuvas de partículas com velocidades muito próximas de c, que podem alcançar a superfície. Essas partículas compartilham com o Urânio a propriedade de espontaneamente "decaírem" e se transformarem em outras partículas. Muitas delas, portanto, decaem antes de alcançar a superfície. Esse é o motivo pelo qual a radiação aumenta com a altura! Os físicos descobriram ainda que o "tempo de vida" dessas partículas é muito pequeno. Por exemplo, o tempo de vida do μ é de $2 \times 10^{-6}s = 2\mu s$, como na Figura 2.6.

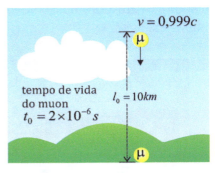

Figura 2.6 – Tempo de vida do múon

Nesse momento, Bob dá uma pausa, olha para Alice e diz

B: – Alice, estou descobrindo que o país da relatividade é muito mais estranho que o pais das maravilhas! Chuvas de novas partículas, que decaem em 2μ s? Nem o Lewis Carroll tinha tanta imaginação.

Alice ri da brincadeira, e Bob continua:

B: – Mas Alice, com um tempo de vida tão curto, o múon nunca iria alcançar a superfície da Terra. Eles são gerados a uma altura de 10 km. Mesmo que a velocidade seja $0,999c$, a distância percorrida por ele durante o tempo de vida é

$$d = T \times 0,999c = 2 \times 10^{-6} \times 0,999 \times 3 \times 10^8 \rightarrow d = 5,99 \times 10^2 = 599 \text{ m}$$

Como, então, ele pode ser encontrado na superfície?

A: – Calma lá, lembre da relatividade. Sempre que falamos em tempo, temos que dizer qual referencial observa esse tempo. $2\mu s$ é o tempo de vida para um referencial parado em relação ao múon. Para quem está na superfície da Terra, o múon tem altas velocidades e, portanto, ocorre o fenômeno da dilatação do tempo. Será a dilatação do tempo suficiente? Vejamos. Lembre que agora não podemos fazer aproximações e temos:

$$\gamma(0,999) = \frac{1}{\sqrt{1-(0,999)^2}} = 22,4.$$

Para quem está na superfície, o tempo de vida do múon será $\Delta t = 22,4 \times 2 \times 10^{-6}$s $= 44,8 \times 10^{-6}$s. Com isso o múon de fato percorrerá $d = 0,999c \times 44,8 \times 10^{-6} = 13.426,9$ m > 10 km. Para Carl Anderson, parado na Terra, o tempo de vida do múon passa mais lento, que alcança o detector dele na Terra!

B: – Uau! Então o fato de encontrarmos múons na superfície da Terra é uma comprovação da dilatação do tempo. – Conclui Bob, bastante empolgado, e continua – 2μs duram na verdade 44,8μs para Anderson. E quanto tempo pode durar esse μs?

A: – Às vezes a eternidade. – Brinca Alice sem perder a oportunidade.

B: – Ei, você tirou isso do país das maravilhas! – Fala Bob gostando da referência – Mas é verdade?

A: – De alguma forma sim. Note que se você escolher $v = c$ temos $\gamma \to 1/0 \to \infty$. Se a velocidade se aproxima de c, o tempo se dilata indefinidamente e vira uma eternidade.

B: – Parece que o país das maravilhas é na verdade o país da relatividade! Agora entendi o título do livro que estou estudando. – Brinca Bob, e Alice continua.

A: – Você não perde por esperar! Depois do múon, muitas outras partículas e suas formas de decaimento foram descobertas. Abaixo vamos considerar algumas delas.

> **Exercício 2.24** Se o tempo de decaimento do múon for de $\tau_\mu = 2 \times 10^{-6}$ s, , e ele foi produzido a uma altitude de 10km, qual a velocidade mínima v para que ele chegue à superfície da Terra?

> **Exercício 2.25** Os mésons K^+ são partículas que podem decair em píons, $K^+ \to \pi^+ + \pi^+ + \pi^-$. Esse processo acontece a $h = 30$ km. Eles foram descobertos em detectores colocados no monte Wilson, a 1741 m. O tempo de vida dos píons é $\tau = 1,24 \times 10^{-8}$ s e sua velocidade de $0,9999999917c$. Para um observador na superfície, qual o tempo de vida e a distância percorrida por eles? Foi possível chegar ao detector?

2.4 Mensagem das Estrelas e a Contração do Espaço

2.4.1 Contração do Espaço

Voltando para o problema do múon, Bob faz ainda outro questionamento:

B: – Tem outro problema. Para quem está no referencial parado em relação ao múon, caindo em direção à superfície, o tempo continua sendo 2×10^{-6}s. O múon não chegará à superfície da Terra antes de decair. Agora sim, provei que a relatividade está errada!

Alice responde imediatamente:

A: – Existe um outro efeito da relatividade, a contração do espaço. Para Anderson, o observador que está na superfície, a altura em que o múon foi gerado é 10 km. Todavia, para um referencial em queda junto com o múon, essa distância é menor. Nesse referencial, o tempo de vida é menor, mas a distância percorrida também, e o múon alcança o detector.

B: – Contração do espaço? Você deve estar brincando, senhorita Alice!– Fala Bob espantado.

A: – Voltemos ao nosso relógio de luz da seção anterior. Imagine agora que, em vez de na vertical, o coloquemos na horizontal.

Vamos medir a distância entre os espelhos usando o tempo de ida e volta de um raio de luz. Considere que o relógio está parado em relação ao referencial S', que possui velocidade v em relação a S. Considere ainda que a distância entre os espelhos é L'. Obtemos para o tempo de um ciclo

$$T' = \frac{2L'}{c}. \qquad (2.16)$$

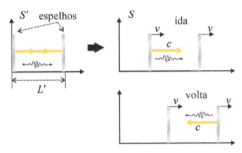

Figura 2.7 – Relógio de luz na horizontal

Considere agora o referencial S, que observa a barra com comprimento L. Nesse referencial, as velocidades relativas, entre a luz e os espelhos, de ida e volta da luz são respectivamente $c - v$ e $c + v$. O tempo total será a soma da ida e volta, o que nos dá

$$T = \frac{2L}{c-v} + \frac{2L}{c+v} = \frac{2L}{c} \frac{1}{1-\frac{v^2}{c^2}} = \frac{2L}{c}\gamma^2. \qquad (2.17)$$

Agora podemos dividir as equações (2.16) e 2.17) para obter

$$\frac{T}{T'} = \frac{L\gamma^2}{L'} \Longrightarrow L = \frac{L'}{\gamma^2} \times \frac{T}{T'} = \frac{L'}{\gamma} \qquad (2.18)$$

Na última igualdade, utilizamos a dilatação do tempo entre os referenciais, ou seja, $T = \gamma T'$. Assim como no caso da dilatação, chamamos de "comprimento próprio" aquele medido por quem está parado em relação à distância medida. Portanto, definimos $L' = L_0$. Com isso, chegamos à conclusão que barras em movimento se contraem de acordo com

$$L = \frac{L_0}{\gamma} \tag{2.19}$$

Mais uma vez, chegamos a um resultado que vai de encontro à nossa intuição cotidiana. Um objeto é menor para um observador que o vê em movimento!

B: – Incrível! Difícil de acreditar! – Exclama Bob, ao descobrir sobre a contração do espaço.

A: – De fato, o próprio Einstein achava isso, mas como ele mesmo dizia: *"É difícil se libertar de preconceitos tão enraizados, mas não existe outra alternativa"*. Tanto o espaço como o tempo são relativos e são diferentes para cada referencial inercial.

B: – Então deveríamos ver um carro em movimento com um tamanho menor?

A: – Calma, lembre que para velocidade muito pequenas, $\gamma \approx 1$. Portanto, assim como no caso da dilatação do tempo, temos que, para velocidade muito pequenas, a contração do espaço é desprezível. Vejamos o caso de velocidades próximas de c, como do nosso múon. Considere uma barra de $L_0 = 2$ m em repouso no referencial S'. Qual será o valor do comprimento desta barra para um referencial que veja S' com velocidades $0,8\,c$ e $0,6\,c$? Nesses casos temos que $\gamma(0,8c) = 1,66$ e $\gamma(0,6c) = 1,25$. Obtemos que $L = 2 \div (1,66) = 1,2$ m e $L = 2 \div 1,25 = 1,6$ m, respectivamente. Você mesmo pode resolver outros exemplos. – Diz Alice, passando o pincel para Bob.

> **Exercício 2.26** Considere uma régua de 30 cm que está em repouso em S', que se move com velocidade de $0,8c$ em relação ao referencial S. A régua se move paralelamente à direção do comprimento. **a)** Qual o comprimento da régua para S? **b)** Quanto tempo leva, no relógio de S, para a régua passar pelo observador desse referencial?

> **Exercício 2.27** Qual a velocidade que uma barra deve ter, em relação a um referencial S, para que tenha metade de seu comprimento?

2.4 Mensagem das Estrelas e a Contração do Espaço

B: – Realmente, muito massa a relatividade. Então temos dilatação do tempo e contração do espaço.

A: – Sim. Vemos que Einstein foi derrubando uma a uma as crenças que, por séculos, os cientistas construíram.

B: – Agora posso fazer a mesma pergunta que fiz para o caso do tempo. Até quanto podem contrair essas barras?

A: – A resposta é similar, Bob. Se v se aproxima de c, γ vai a infinito, e portanto a contração pode fazer, por exemplo, uma barra ficar da finura de um papel. Mas lembre que a contração é sempre na direção do movimento.

B: – Talvez os baralhos do País das Maravilhas fossem pessoas que ficaram muito tempo a uma velocidade próxima de c. – Brinca Bob, mais uma vez lembrando do seu livro predileto.

Alice se diverte e imediatamente entra na brincadeira do seu amigo.

A: – Vejamos qual velocidade você deveria ter para ficar da finura de um baralho Bob! – Diz Alice enquanto pergunta para ele.

> **Exercício 2.28** Qual a velocidade você deve ter, em relação a mim, para que contraia para a espessura 0,26 mm, de uma carta? Considere que você tenha 15 cm de espessura.

Bob acha graça, faz o cálculo, e continua:

B: – Mas Alice, agora danou-se, como poderemos compreender a física se tanto o espaço quanto o tempo são relativos?

Alice ri do espanto de Bob e continua:

A: – À medida que formos avançando, veremos como os físicos, incluindo Einstein, construíram ferramentas e reformularam a física para que tudo isso fique mais simples e compreensível.

B: – E o múon? você ainda não respondeu minha pergunta sobre ele chegar na superfície, se estivermos no referencial dele.

A: – Achei que ia deixar passar essa. – Comenta Alice brincando e continua. – Para quem está no referencial do múon, é a distância de 10 km que se contrai. Isso ocorre de tal forma que, para ambos os referenciais, o múon chegue até a superfície. No nosso caso temos $\gamma(0,999c) = 22,4$ e, portanto, a distância se contrai para 10 km/22,4 = 446 m. Para o referencial do múon, a Terra se aproxima a uma velocidade de $0,999c$, que no tempo $2\mu s$ percorre $0,999 \times$ c $\times$

78 Capítulo 2. Einstein e o Viajante do Tempo

$2 \times 10^{-6} = 599$ m. Como $599 > 446$, o múon alcança o detector de Anderson, antes de decair!

B: – Uau! Apesar de abstrata, não existe inconsistência na relatividade. Parabéns, senhor Einstein!

Alice ri da brincadeira de Bob e pede que ele resolva o caso do káon.

> **Exercício 2.29** Considere os mésons K^+ do exercício anterior. Para o referencial do káon, qual a distância percorrida por ele antes de decair? ∎

Incrível que para o káon, a distância de 30 km tenha se contraído para meros $3, 7$ m! Portanto, é em fenômenos com velocidades altas que vemos como a relatividade se manifesta de forma que não deixe dúvidas.

Vimos, no capítulo 1, que Galileu apontou o telescópio para as estrelas e com isso descobriu que as leis da física são as mesmas no céu e na Terra. O livro em que Galileu descreve essas descobertas se chama "O Mensageiro das Estrelas". Três séculos depois foi descoberto que, através de raios cósmicos, as estrelas estavam mandando mensagens sobre os blocos fundamentais da matéria. Essas mensagens chegam através de partículas altamente energéticas, criadas em explosões estelares e outros fenômenos astrofísicos que permeiam o universo. Veremos, no próximo capítulo, como a relatividade consegue explicar a relação entre fenômenos de altas energias e a geração de partículas.

2.5 Viagem Interestelar

No filme Guerra nas Estrelas, Han Solo é o comandante da lendária *Millenium Falcon*. Essa nave consegue atingir velocidades de até $0, 6$ c. Com isso conseguiríamos comprovar a dilatação do tempo prevista pela Relatividade Restrita. Todavia, podemos nos perguntar se um dia poderemos alcançar a velocidade da *Millenium Falcon* e fazer viagens interestelares. Isso é tema de muitas das ficções científicas. Nesta seção abordaremos os aspectos relativísticos dessas viagens.

2.5.1 Viagem Interestelar

Em 2011 foi descoberto *Kepler 22b*, um exoplaneta possivelmente habitável, localizado a, aproximadamente, 600 anos-luz de distância. Ao ler sobre isso Bob, sendo um fã de Guerra nas Estrelas, decide fazer uma viagem exploratória até esse exoplaneta. Ele primeiro se pergunta: "quanto tempo duraria uma viagem para lá?" Ele ouviu Alice comentando que a relatividade proíbe viagens com

2.5 Viagem Interestelar

velocidades maiores que a da luz. Com isso imagina uma viagem com velocidade $v = 0,9$ c. O cálculo é bastante simples e ele obtém para o tempo de viagem

$$\text{tempo} = \frac{\text{espaço}}{\text{velocidade}} = \frac{600\,\text{anos} \times \cancel{c}}{0,9\cancel{c}} = \frac{600}{0,9}\,\text{anos} = 666,6\,\text{anos}.$$

Ele fica extremamente frustrado, pois não chegaria vivo ao planeta, e desiste de ser astronauta. Um tempo depois, Alice vai ao quarto de Bob para convidá-lo para um passeio de bicicleta pelo Campus do Pici da UFC. Ela vê as contas no quadro e questiona o significado. Ao ouvir a explicação, ela fala:

A: – Bob, você não precisa desistir do seu sonho de fazer uma viagem interestelar!

B: – Mas a relatividade proíbe velocidades maiores que a da luz. Mesmo que eu fosse à velocidade da luz, o que é impossível, o tempo de viagem seria 600 anos!

A: – Você está correto sobre a velocidade. Todavia você esqueceu que os tempos passam diferentes para o referencial na Terra e o da nave. Esse tempo de $666,6$ anos é o medido por um relógio de quem está na Terra.

Alice vai para a lousa e mostra que, para quem está na Terra, o relógio da nave passa mais lentamente de acordo com $T_{Nave} = T_{Terra}/\gamma$. Ela encontra ainda que

$$\gamma = \frac{1}{\sqrt{(1 - (0,9)^2)}} = 2,3$$

e, portanto, $T_{Nave} = 666,6/2,3 = 290$ anos. Bom, a viagem ainda não é possível. Mas Bob não precisa desanimar. Devido à dilatação do tempo, basta usar uma velocidade ainda mais próxima da luz. Alice considera $v = 0,999$ c e obtém:

> **Exercício 2.30** Considere que Bob viaja para *Kepler 22b* a uma velocidade de $0,999$ c. Durante essa viagem: **a)** Quanto tempo Alice, que está na Terra, vê passar em seu relógio? **b)** Quanto tempo, para Alice, se passa no relógio de Bob dentro da nave?

Problema resolvido, e Bob fica feliz da vida pois chegará apenas $26,8$ anos mais velho em *Kepler 22b*. Todavia, note que nossas viagens somente serão possíveis se conseguirmos atingir velocidades muito próximas às da luz. Um dia alcançaremos isso?

A descoberta de exoplanetas é razoavelmente recente e somente ocorreu em 1995. A dificuldade reside no fato de que planetas não emitem luz própria, impossibilitando sua descoberta através da luz visível. Todavia, Michel Mayor e Didier Queloz instalaram um espectrômetro dentro de um telescópio refletor e com isso conseguiram contornar essa dificuldade. Com isso fundaram uma

80　　　　　　　　　　　　**Capítulo 2. Einstein e o Viajante do Tempo**

nova área de pesquisa na astronomia e ganharam o prêmio Nobel em 2019. Até 2022 já foram encontrados mais de 5000 exoplanetas. Abaixo vamos descrever alguns desse exoplanetas que são considerados habitáveis.

> **Exercício 2.31** Considere que Alice fique na Terra e Bob viaje para *Gliese 832 c*, a uma velocidade $0.5c$. De acordo com Alice, a distância desse exoplaneta é de 16 anos-luz. Encontre o tempo de viagem para chegar no planeta: **a)** Que Alice observar em seu relógio e **b)** Que Alice observa no relógio de Bob. ■

> **Exercício 2.32** Considere agora o exoplaneta *TRAPPIST-1d* e que Bob viaje com velocidade $v = 0,6c$. Para Alice, a distância da Terra ao exoplaneta é de 39 anos-luz. Encontre as mesmas informações da questão anterior. ■

> **Exercício 2.33** *Kepler - 442b* está a 1120 anos-luz da Terra. **a)** Caso Bob faça uma viagem a 0.866c, quanto tempo Alice, na Terra, verá passar no relógio de Bob. **b)** Qual deve ser a velocidade para que esse tempo seja de 20 anos para ele? ■

> **Exercício 2.34** A lendária *Millenium Falcon* foi roubada por Han Solo dos depósitos da Primeira Ordem no planeta Jakku. Ele fugiu em direção ao seu planeta Natal, Corellia, a uma velocidade máxima de $0,6$ c. Desesperada, a Primeira Ordem aprimora os motores de sua nave *Sienar Jaemus TIE*, que lhe permitirá atingir uma velocidade de $0,8$ c. No entanto, sua instalação leva 1 ano, e a nave parte em perseguição de Han Solo. De acordo com um observador situado no planeta Jakku, quanto tempo leva entre Han Solo ter tomado posse de sua nave e ser capturado pela Primeira Ordem : **a)** No relógio de um obervador em Jakku e **b)** No relógio de Han Solo. ■

2.5.2　Viagem para o Futuro e o Paradoxo dos Gêmeos

Apesar de não saber muito sobre relatividade, Bob é bastante esperto. Ainda sobre a viagem a *Kepler 22b*, ele questiona Alice:

B: – Ao viajar, do meu ponto de vista dentro da nave, é a Terra que está em movimento e, portanto, é o tempo na Terra que passa mais devagar. Para mim, meu tempo passará normalmente, sem dilatação. Logo, eu não chegarei em *Kepler 22b* apenas $26,8$ anos mais velho. Encontrei um paradoxo da relatividade! Para você eu chego vivo, para mim eu chego morto. Vou chamar meu paradoxo de "Astronauta de Schrödinger".

2.5 Viagem Interestelar 81

Alice dá uma gargalhada e rebate:

A: – Cuidado com esse nome, o Gato de Schroedinger é um paradoxo da quântica e não se aplica aqui, pois a relatividade é clássica. De qualquer forma, lembre-se que, segundo a relatividade, a física deve ser a mesma para todos os referenciais inerciais. Ambos devemos concordar, portanto, que você chegará vivo ao seu destino. – Comenta Alice, e continua – Esse caso é idêntico ao do múon. Para você que está na nave, é a distância que se reduz. Para o astronauta, são a Terra e o planeta *Kepler 22-b* que se movem com velocidade $-0,999$ c. Ora, de acordo com o visto acima, isso implica que você medirá a distância Terra-*Kepler 22-b* contraída. Qual será essa distância? Essa velocidade implica que $\gamma(0,999) = 22,4$. Portanto, a distância até *Kepler 22-b*, para você, será de $L = 600/22,4 = 26,8$ anos-luz. Com essa distância e sua velocidade, obtemos o tempo de viagem

$$T = \frac{L}{v} = \frac{26,8}{0,999} \approx 26,8 \text{ anos.}$$

Esse foi exatamente o resultado encontrado antes. Do meu ponto de vista, na Terra, o seu tempo se dilata e você chegará $26,8$ anos mais velho ao destino. Do seu ponto de vista, você também chega $26,8$ anos mais velho, mas devido à contração do espaço! Não existe paradoxo na relatividade! Para nós dois, você chegará com a mesma idade em *Kepler-22 b*. Agora você deve treinar um pouco. – Alice passa o pincel para Bob.

Exercício 2.35 Em um exercício da seção anterior, consideramos *Kepler-442b*, que está a 1120 anos-luz da Terra. Encontramos que, para chegar lá em 20 anos, Bob deve ter uma velocidade de $0,9999c$. **a)** Qual a distância entre Terra e *Kepler-442b* segundo ele? **b)** Qual o tempo de viagem segundo ele? Esse tempo é 20 anos?

Exercício 2.36 O exoplaneta *Kepler-1229 b* está a 865 anos-luz da Terra. Bob viaja até lá com uma velocidade de $0,9998$ c. **a)** Quanto tempo, para Alice, dura a viagem? **b)** Quanto tempo, para Bob, dura a viagem? **c)** Qual a distância entre Terra e *Kepler-1229b*, segundo Alice e Bob?

Exercício 2.37 Os Prótons intergaláticos mais velozes possuem uma velocidade de $v = 0,996$ c. Nossa galáxia tem 10^5 anos-luz. **a)** No referencial da galáxia, quanto dura para o próton atravessá-la? **b)** E no referencial do próton? **c)** Qual o comprimento da Galáxia no referencial do próton?

Após resolver os problemas propostos por Alice, Bob pegunta:

B: – E para você, na Terra, terá passado quanto tempo, Alice?

A: – Oras, muito simples, 600, 6 anos.

B: – Que incrível, Alice. Como isso é um efeito da dilatação do tempo, se você viajar com velocidades próximas à da luz, eu te verei sempre jovem?

A: – Exatamente isso!

De repente, Bob fica pensativo e faz uma longa pausa. Alice percebe e pergunta:

A: – No País das Maravilhas de novo, Bob? é bom voltar para o País da Relatividade! – Brinca Alice.

B: – Sim! – Responde Bob rindo da brincadeira e continua: – Eu lembrei de uma cena do livro, mas não combina com você que gosta de estudar.

Alice ri após a descrição da cena que Bob imaginou. Ele continua:

B: – Essa solução me parece estranha e contraditória com a relatividade. Para quem o tempo passa mais lento? Imagine que tenhamos dois gêmeos, José e Antônio. José parte para uma viagem interestelar e depois retorna à Terra. Para Antônio, que ficou na Terra, José se move e o seu relógio passa mais lentamente. Ao chegar à Terra, Antônio afirma que José deve estar mais jovem. Já do ponto de vista de José, na nave, é Antônio que se move. Logo, José afirma que o tempo de Antônio passa mais lentamente e ele quem deve estar mais jovem ao se encontrarem. E agora José? Ou seria "e agora Antônio"? Agora sim, encontrei um paradoxo da relatividade!

Alice acha graça da birra de Bob em relação à relatividade, mas reconhece que esse foi um bom paradoxo e responde:

A: – Excelente Bob! Esse, de fato, foi paradoxo proposto por Max von Laue em 1911. Mais uma vez, o paradoxo acima é somente aparente. Uma solução é lembrar que somente referenciais inerciais medem corretamente o atraso dos relógios. José, o gêmeo que parte para a viagem interestelar, deve acelerar e desacelerar para fazer sua viagem de ida e volta. Não é, portanto, um referencial inercial. Somente Antônio, que permanece na Terra, é um referencial inercial

2.5 Viagem Interestelar

e, portanto, a medida dele é a correta. O astronauta volta à Terra mais jovem. Paradoxo resolvido! Existem ainda outros "paradoxos", relacionados à contração do espaço. Todavia, todos esses paradoxos são aparentes [4].

Por fim, Bob questiona Alice:

B: – Já que o tempo é relativo, seria possível que viajemos para o passado?
A: – Não, pois isso quebraria a causalidade. Imagine que Freud volte no passado e mate o próprio pai (Freud explica!). Ele impediria, assim, o próprio nascimento. Isso inverteria a ordem causal. Stephen Hawking, o famoso físico que estudou buracos negros, afirma ter provado que viagens no tempo são impossíveis. Para isso, em 28 de junho de 2009, ele fez uma festa de boas vindas aos viajantes do futuro. Ele forneceu coordenadas de GPS e a data com bastante antecedência para evitar que os viajantes do futuro se perdessem. Essa festa foi gravada pela Discovery[5] e, de fato, os viajantes do futuro não apareceram.
A: – O que aprendemos é que uma viagem para o futuro é possível. Basta para isso subir em uma nave em alta velocidade, de tal forma que o tempo passe mais lentamente.
B: – Huum, então, em vez de viajantes do futuro, poderiam chegar viajantes do passado para a festa de Stephen Hawking!

Alice fica feliz com a conclusão do amigo e continua:

A: – Imagine que Galileu viaje em alta velocidade em uma nave. Ele parte do ano de 1590 e busca Einstein em 1905, para irem juntos até a festa dos viajantes no tempo de Stephen Hawking em 2009. – Ela comenta e passa o pincel para Bob.

> **Exercício 2.38** Calcule a velocidade da nave na ida até Einstein para que Galileu fique somente 10 anos mais velho. ∎

> **Exercício 2.39** Quanto tempo passará para Galileu e Einstein desde o encontro dos dois até chegarem na festa de Stephen Hawking se a nave mantiver a mesma velocidade da questão anterior? ∎

---
[4] A solução completa para o paradoxo dos gêmeos é dada no apêndice.
[5] https://www.youtube.com/watch?v=elah3i_WiFI&list=PL3A56CF555622FD46&index=13

84 Capítulo 2. Einstein e o Viajante do Tempo

Após resolver o problema, Bob comenta com Alice:

B: – Então, ao falar em tempo e espaço na relatividade, sempre devemos nos perguntar "qual tempo é medido por qual observador?" e "Qual distância é medida por qual observador?". Para Antônio, o gêmeo que ficou na Terra, ele mede um tempo no seu relógio e outro no relógio de José. Já José mede um tempo no relógio dele e outro no relógio de Antônio. Já para Anderson, que estava na Terra, a distância do múon era 10 km e o tempo dilata. Para o observador junto com o múon, o tempo dele não dilata, é o tempo de Anderson que dilata e a distância se contrai. Que coisa!

Vendo que seu amigo está aprendendo bem, Alice comenta feliz da vida:

A: – Bem vindo à relatividade!

Bob, sempre brincalhão, não perde a oportunidade:

B: – Então, se você fizer uma viagem interestelar e na volta encontrar um velho amigo que diga "Há quanto tempo não te vejo!", cuidado! Ele pode levar a mal a sua resposta: "Para mim passou foi pouco".

Os dois dão uma bela gargalhada e saem da praça Rosa da Fonseca, voltando para casa juntos.

3. E=mc² e a Física de Partículas

No capítulo anterior, vimos algumas consequências da relatividade restrita. Obtivemos uma compreensão sobre os fenômenos de dilatação do tempo e contração do espaço. Esses são chamados efeitos cinemáticos, pois não envolvem conceitos como quantidade de movimento e colisões. Nesse capítulo trataremos disso. Chegaremos à tão famosa fórmula $E = mc^2$ e estudaremos algumas de suas consequências. Segundo o próprio Einstein [5]:

"O resultado de caráter geral mais importante que a Teoria da Relatividade nos conduziu refere-se ao conceito de massa. A física pré-relativística conhece dois princípios de conservação de fundamental importância: a lei de conservação de energia e a lei de conservação de massa. Estes dois princípios fundamentais aparecem como inteiramente independentes um do outro. Na Teoria da Relatividade eles são fundidos em um princípio único."

3.1 Quantidade de Movimento da Luz e E=mc²

Agora vamos obter a fórmula que é considerada a mais famosa da teoria da relatividade: $E = mc^2$. A primeira demonstração de Einstein dessa fórmula foi em setembro de 1905. Ele utilizou transformações relativísticas que encontrou para o eletromagnetismo. Todavia, o próprio Einstein achou esse resultado tão importante que concebeu um argumento mais simples em 1906. É esse argumento que veremos nesta seção.

86   Capítulo 3. E=mc² e a Física de Partículas

3.1.1   O Momento da Luz e o Voo de Ícaro

A luz, uma vez mais, sendo o cerne das descoberta de Albert Einstein. No capítulo 01, vimos como Huygens descobriu que a medida da quantidade de movimento dos corpos é o momento $p = Mv$. E para a luz? O próprio Newton considerava uma teoria corpuscular da luz, que deveria ter uma massa muito pequena. Para Newton, teríamos simplesmente $p = m_{luz}c$. Todavia, como vimos, na metade do século XIX, Maxwell mostrou que a luz é uma onda eletromagnética. Isso complica a situação, pois assim a proposta de Newton fica inválida. E agora? Como associar quantidade de movimento a uma onda? É claro que deve existir. Por exemplo, uma onda de água que "colide" com um barco faz ele se mover. Com a teoria completa de Maxwell do eletromagnetismo, em 1884, Poynting descobriu uma expressão para o momento da luz. Curiosamente, a relação encontrada não envolve momento, massa e velocidade, mas sim momento, energia e velocidade da luz. Ela é dada por $E = pc$. Ou seja, ela não está relacionada a nenhuma massa. Note como essa expressão difere da encontrada para partículas não relativísticas:

> **Exercício 3.1** Use $p = mv$ e $E = mv^2/2$ e mostre que $E = pv/2$.   ■

Curioso que esse comportamento diferente não tenha chamado a atenção dos físicos do fim do século XIX. Para grandes velocidades, como a da luz, temos $E = pc$ e para baixas velocidades temos $E = pv/2$. A descoberta de Poynting foi confirmada experimentalmente por Nichols e Hull em 1901. Einstein utilizou esse fato, ou seja, que a quantidade de movimento da luz é relacionada com sua energia por $E = pc$. Curiosa essa propriedade da luz de ter momento, mesmo sem massa. Um feixe de luz pode, portanto, empurrar objetos.

Sabendo dessa propriedade, na década de 1970, o físico Freeman Dyson propôs a propulsão de naves à base de luz. Assim como o vento, a luz pode ser usada para impulsionar objetos. Essa ideia foi aplicada pela nave espacial Ikaros em 2010, utilizando uma vela solar. Ícaro foi um personagem da mitologia Grega que, para escapar de uma prisão em uma torre, fez asas de cera e penas e fugiu em voo. Todavia, a luz do Sol derreteu suas asas, interrompendo seu voo. Ao contrário, nossa nave Ikaros só voa se houver luz do Sol.

3.1.2   Einstein e a Origem de E=mc²

Vejamos agora como Einstein encontrou sua fórmula. Imagine uma caixa de massa M e comprimento L. Considere que coloquemos a origem do eixo x na extremidade esquerda da barra, como na Figura 3.1.

3.1 Quantidade de Movimento da Luz e E=mc²

Um pulso de luz é emitido da extremidade esquerda e absorvido na extremidade direita. Se a luz tem momento ao ser emitida, a caixa deve ganhar uma velocidade v para a esquerda.

De acordo com a conservação de momento, devemos ter

$$Mv = -p_{luz} = -\frac{E}{c} \to v = -\frac{E}{Mc}.$$

Vejamos quanto a caixa percorreu até que a luz seja absorvida na extremidade direita. O tempo do trajeto é dado por $\Delta t = L/c$ e temos

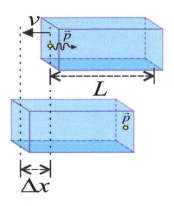

Figura 3.1 – Conservação de momento

$$\Delta x = v\Delta t = -\frac{E}{Mc}\Delta t = -\frac{EL}{Mc^2}. \tag{3.1}$$

Ora, veja que situação "estranha". Um observador exterior, que não saiba do pulso de luz, veria simplesmente a caixa se locomovendo para a esquerda, sem nenhuma força atuando nela! A única forma de resolver isso é considerando que existe um equivalente de massa para a luz, que ao ser transferido para a direita, não levaria a nenhuma contradição. Não existe problema algum que exista movimento interno em um sistema em que não haja forças externas. Vimos isso no capítulo 1, é a conservação do centro de massa. É como o nosso exercício do gato de Schroedinger na caixa. Einstein, então, associou um equivalente de massa m ao pulso de luz.

Como Einstein encontrou o valor de m? Ele usou a conservação do centro de massa. Lembre que a origem está na extremidade esquerda da caixa e, portanto, seu centro em $L/2$. Portanto, antes de o fóton ser emitido, o centro de massa é dado por $X_{\text{CM antes}} = L/2$. Após o pulso de luz ser emitido e reabsorvido, o centro da caixa desloca para $L/2 - \Delta x$. Já o pulso de luz é absorvido na extremidade direita, com nova posição $L - \Delta x$. Logo, o centro de massa ao fim é dado por

$$X_{\text{CM depois}} = \frac{M \times (L/2 - \Delta x) + m(L - \Delta x)}{M} \approx (L/2 - \Delta x) + \frac{m}{M}L.$$

Pudemos ignorar o último termo $m\Delta x$, pois tanto Δx como m são muito pequenos. Para que o centro de massa permaneça o mesmo devemos ter:

> **Exercício 3.2** Iguale as expressões $X_{\text{CM antes}} = X_{\text{CM depois}}$ e utilize (3.1) para obter
> $$mL = M\Delta x \to m = \frac{M\Delta x}{L} = \frac{E}{c^2}.$$

Capítulo 3. E=mc² e a Física de Partículas

88

Claro, isso não significa que a luz tenha massa, mas que existe um *equivalente* de massa para um pulso de luz com energia E. A luz, portanto, tem um equivalente de massa $m = E/c^2$. Note que a energia deve ser dividida por c^2 e a massa equivalente deve ser muito pequena, como esperado. Vejamos alguns exemplos:

> **Exercício 3.3** Uma lâmpada de 400 Watts dissipa $1,26 \times 10^{10}$ J em um ano. Qual o equivalente de massa? (Considere que 1 ano = 365,25 dias). ∎

> **Exercício 3.4** A energia elétrica total gerada no Brasil, nos últimos dez anos, foi de aproximadamente $\approx 2,00 \times 10^{18}$ J. Quanto de massa é equivalente a esta energia? ∎

Podemos agora dizer o inverso? Ou seja, que uma massa M (como a da caixa) possui um equivalente de energia $E = Mc^2$? Vejamos um outro experimento de pensamento. Imagine agora que a caixa emita, em sentidos opostos, dois pulsos de luz com energia total E. Por conservação de momento, a caixa permanece em repouso. Todavia, sua massa deve diminuir de $m = E/c^2$, ou seja,

$$M_f = M - m \rightarrow M_f c^2 = Mc^2 - mc^2 \rightarrow M_f c^2 = Mc^2 - E$$

Por conservação de energia, temos que a energia antes deve ser igual à energia depois da emissão. Antes da emissão temos somente a caixa, depois a caixa perde uma energia E. Ou seja, $E_{caixa\ depois} = E_{caixa\ antes} - E$. Comparando esse resultado com a expressão acima, obtemos que a energia total da caixa deve ser $E = Mc^2$. Um leitor mais atento poderia dizer que isso é óbvio. Podemos imaginar um processo em que toda a massa da caixa é transformada em um pulso de luz. Nesse caso devemos ter $M = E/c^2$. Esse é, de fato, o caso do decaimento do Píon neutro, como veremos mais abaixo.

Com o raciocínio acima, Einstein concluiu que, ao emitir um pulso de luz, a caixa perde uma massa igual a $m = E/c^2$. Massa tem um equivalente de energia e energia tem um equivalente de massa e Einstein propõe que $E = mc^2$ é universal. Vejamos, agora, algumas implicações de nossa fórmula acima.

> **Exercício 3.5** Considere os seguintes dados das massas de repouso de algumas partículas: próton: $1,67265 \times 10^{-27}$ kg, nêutron: $1,67495 \times 10^{-27}$ kg, elétron: $9,11 \times 10^{-31}$ kg. Com base nesses dados, calcule as suas respectivas energias de repouso em joules. ∎

3.2 Viagem ao Centro do Sol

Na última seção, descobrimos como Einstein propôs uma relação universal entre massa e energia, dada por $E = mc^2$. O próprio Einstein achava esse um dos resultados mais importantes da relatividade restrita e mesmo em 1946 ainda procurava uma prova rigorosa para essa relação [7]. Essa equivalência, é claro, levanta muitas questões sobre a natureza da massa. Um gás dentro de uma caixa, em que as partículas se movam mais rápido, tem massa maior? Em outras palavras, um corpo mais quente tem mais massa que um mais frio? Todo tipo de energia contribui para a massa? A resposta para todas essas perguntas, é sim.

Imagine um átomo de hidrogênio, formado por um elétron e um próton. Vimos, no fim da última seção, que as massas do elétron e do próton são dadas por $m_{e^-} = 9,11 \times 10^{-31}$ kg e $m_p = 1,67265 \times 10^{-27}$ kg, respectivamente. Todavia, o átomo de hidrogênio tem massa de $m_H = 1,6735575 \times 10^{-27}$ kg. A massa do hidrogênio é a soma das massas do próton e do elétron? Vejamos.

> **Exercício 3.6** Mostre que a diferença entre a massa do átomo de hidrogênio e a massa combinada do próton e do elétron isoladamente é $m_{e^-} + m_p - m_H = 3,5 \times 10^{-33}$ kg. ∎

Ora, então a massa não é conservada?? Não! Lembre da citação de Einstein no início do capítulo. Com a equivalência entre massa e energia, Einstein unificou os dois princípios. E o que se conserva no caso do átomo de Hidrogênio? Para entender isso, lembre que, para medir a massa do próton e do elétron do átomo de hidrogênio, devemos separá-los antes. E como fazemos isso? Uma forma é jogar um pulso de luz, ou um fóton, no elétron para arrancá-lo do átomo de Hidrogênio, causando ionização. Então imagine a seguinte situação. No início devemos ter um fóton + um átomo de hidrogênio. Ao fim, temos: um elétron + um próton. Se a energia do fóton tem um equivalente de massa, ao ser absorvido pelo átomo de hidrogênio, o sistema elétron-próton ganha massa. Nossa equação pode ser escrita na forma

$$\frac{E_{\text{fóton}}}{c^2} + m_H = m_{e^-} + m_p$$

Como disse Einstein: *"a lei de conservação de energia e a lei de conservação de massa [...] Na Teoria da Relatividade elas são fundidas em um princípio único."*. É por isso que a massa do hidrogênio é menor que a soma das massas do próton e do elétron. Incrível! As descobertas de Einstein, sempre de muita

90 **Capítulo 3. E=mc² e a Física de Partículas**

profundidade. Podemos imaginar o inverso? Se temos um elétron e um próton, eles podem formar um átomo de hidrogênio? Claro que sim. Nessa caso, eles devem emitir energia para formar o que chamamos "estado ligado". Qual o valor dessa energia ou desse fóton emitido? Simplesmente a diferença entre as massas, encontrada no exercício acima, vezes c^2. Vejamos um outro exemplo. O deutério é um isótopo do hidrogênio que possui um próton e um nêutron no núcleo. Ele é representado por (^2H), onde o número "2" significa a soma do número de prótons e nêutrons. Nessa notação o hidrogênio é representado por (^1H).

> **Exercício 3.7** Ao se unir para formar um deutério ^2H, quanta energia deve ser liberada pelo próton e o nêutron? Considere os dados anteriores e que as massas do nêutron e do deutério são $m_n = 1,67495 \times 10^{-27}$ kg, $m_{deuterio} = 3,344497 \times 10^{-27}$ kg. ∎

> **Exercício 3.8** Um quilograma de hidrogênio reage com 8 quilogramas de oxigênio para formar água. Nesta reação, há a liberação de 10^8 Joules de energia. Qual a diferença entre a massa inicial total e a massa resultante de água? ∎

Do nosso exemplo acima, aprendemos uma importante lição! Um elétron e um próton podem se juntar espontaneamente, sem que façamos nada, e formar um hidrogênio. Dois hidrogênios também podem se unir a um oxigênio para formar água. Basta que seja emitida a energia extra. Já o contrário não é possível. Um átomo de hidrogênio não pode "decair" para um próton e um elétron. Uma molécula de água não pode espontaneamente (sem a adição de mais energia) virar Oxigênio e Hidrogênio. O motivo é que nesses últimos casos a energia não é conservada. Por isso dizemos que o átomo de hidrogênio é estável. Podemos, portanto, descobrir se alguma reação é possível espontaneamente somente calculando os valores da massa de repouso final e inicial. Se a massa final for menor que a inicial, o processo é energeticamente possível, ou favorável. Vejamos um exemplo importante. Muito da energia do Sol provém da fusão de 4 núcleos de Hidrogênios em núcleos de Hélio 4 (^4He). A massa de um núcleo de ^4He é igual a $m_{^4He} = 6,6464731 \times 10^{-27}$ kg. Com isso podemos calcular:

> **Exercício 3.9** **a)** Qual a diferença entre a massa de quatro p e a massa do núcleo de ^4He? **b)** Essa reação é energeticamente favorável? **c)** Qual é a quantidade de energia liberada quando essa reação acontece? ∎

3.2 Viagem ao Centro do Sol

3.2.1 E=mc² e a Bomba Atômica

Na seção anterior, vimos alguns casos em que a junção de elementos era favorável energeticamente. Ou seja, vimos que é possível "juntar" um elétron e um próton para formar um hidrogênio, ou juntar um nêutron e um próton para formar o núcleo de um deutério. Podemos agora nos perguntar se existe algum processo em que o contrário é energeticamente favorável. Ou seja, existe alguma matéria ou átomo que espontaneamente se "separa" ou emite algo? A resposta é sim e esse fenômeno, chamado radioatividade, foi descoberto em 1896 por Henry Becquerel. Rutherford e Villard, baseados na penetratividade desses raios, descobriram que existem 3 tipos, que eles chamaram de radiação alfa, beta e gama. Posteriormente, Rutherford descobriu que as partículas alfa são, na verdade, núcleos de Hélio 4 (^4He). A radiação gama foi descoberta ser, na verdade, eletromagnética. A matéria não é inerte! Todavia, como vimos na seção passada, isso somente é possível se a massa dos produtos finais forem menores que a massa inicial, pois a energia se conserva pela emissão da radiação. De fato, após descobrir a relação $E = mc^2$, Einstein propôs que ela poderia ser testada experimentalmente medindo a massa final do Rádio após emitir radioatividade. Vejamos de quanto seria essa diminuição. O Rádio 226 (^{226}Ra) foi descoberto por Marie Curie e possui massa de $3,7528 \times 10^{-25}$ kg. Ele decai no Radônio 222 (^{222}Rn), que tem massa de $3,6863 \times 10^{-25}$ kg, após emitir radiação alfa (núcleo de ^4He). Sabendo que a radiação alfa tem massa 6.6446×10^{-27} kg, poderíamos saber a diminuição na massa.

> **Exercício 3.10** Qual a diferença entre as massas na reação acima?

> **Exercício 3.11** Se 1 kg de Rádio decai para o Radônio, qual será a redução de massa?

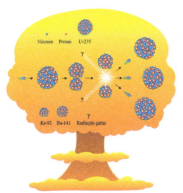

Alguém pode dizer que 0,01 g não é pequeno. Todavia, o Radio é raro na natureza. Para conseguir 0,1 g de Cloreto de Radio (um sal que contém Radio), Marie Curie teve que processar 1 tonelada de pechblenda (um minério rico em Urânio). Além disso, esquecemos um dado importante. Qual a velocidade em que o Radio decai? Para isso precisamos do conceito de meia-vida, que é o tempo necessário para que metade do material radioativo decaia. Para o Radio, a meia vida é de 1109 anos. Com isso, para que 1 kg de Radio decaia em um ano, precisaríamos de uma quantidade inicial de 2,3 toneladas de Radio, bem longe dos 0,1g obtidos por

92 Capítulo 3. E=mc² e a Física de Partículas

Marie Curie. Todavia, a relação $E = mc^2$ foi confirmada por todo o século XX e veremos muitos exemplos nesse capítulo.

> **Exercício 3.12** O Radônio pode decair, liberando radiação alfa, para o Polônio 218, cuja massa é $3,6189 \times 10^{-25}$ kg. **a)** Qual a diferença de massa? **b)** Qual a energia liberada?

Em 1939 Einstein enviou uma carta para o presidente Roosevelt alertando que os Nazistas estavam produzindo uma arma de destruição em massa: uma bomba atômica. Convenceu assim Roosevelt a fazer a bomba atômica antes para evitar a ameaça Nazista em escala mundial. Todavia, após saber das bombas lançadas pelos EUA em Hiroshima e Nagasaki, Einstein afirmaria: "Cometi o maior erro da minha vida quando assinei a carta ao presidente Roosevelt recomendando que fossem construídas bombas atômicas". Vejamos como funciona a energia atômica. Em uma reação típica, um átomo de urânio, bombardeado por um nêutron, se quebra em Bário, Criptônio e libera 3 novos nêutrons. Ela é dada por

$$n + {}^{235}U \rightarrow {}^{141}Ba + {}^{92}Kr + 3n \tag{3.2}$$

onde a massa do Bário 141 é dada por $m_{{}^{141}Ba} = 2,33918 \times 10^{-25}$ kg, a massa do Criptônio 92 é $m_{{}^{92}Kr} = 1,52597 \times 10^{-25}$ kg, a massa do Urânio 235 é $m_{{}^{235}U} = 3,90173 \times 10^{-25}$ e a massa dos nêutron foi dado anteriormente. Com isso obtemos

> **Exercício 3.13** Na reação acima calcule: **a)** A diferença de massa **b)** A energia liberada.

Parece pouco. Todavia, note que do lado esquerdo da reação temos um nêutron e, do lado direito, temos 3 nêutrons. Se tivermos um material com Urânio 235 suficiente, esses 3 nêutrons podem se combinar com novos Urânios e assim por diante. Essas reações são muito rápidas, pois são controladas pela interação nuclear forte (absorção do nêutron). Daí o poder destrutivo da bomba atômica – muita energia liberada em pouquíssimo tempo.

E a radiação beta? Teremos mais a falar sobre isso nas próximas seções.

3.2.2 Poeira das Estrelas

Após sua aula de relatividade para o ensino médio, na UFC, Bob volta para casa e já começa a se sentir o próprio Einstein. Ele vai ao quarto de Alice para conversar. Ela possui uma grande lousa para fazer cálculos. Bob questiona Alice:

3.2 Viagem ao Centro do Sol 93

B: – Aprendi que existe uma equivalência entre massa e energia. Se o Sol emite luz, quer dizer que sua massa está diminuindo??

A: – Sim, com certeza. Ao medir quanto de energia do Sol chega até a Terra, é possível calcular quanta energia é emitida por ele. – Fala Alice enquanto faz alguns cálculos – A cada segundo o Sol emite $3,85 \times 10^{26}$ J. Agora que você já aprendeu a relação entra massa e energia, calcule quanta massa o Sol perde em um dia.

> **Exercício 3.14** Qual a massa total convertida, em um dia, para o Sol fornecer energia luminosa? ∎

B: – Nossa, é muita massa! Dessa forma, em breve nosso Sol vai perder toda sua massa?

A: – Fique tranquilo que você viverá o suficiente para virar um astronauta. Lembre que a massa do Sol é $1,99 \times 10^{30}$ kg. – Comenta Alice enquanto passa o pincel para Bob.

> **Exercício 3.15** Calcule o tempo necessário para o Sol transformar um décimo de sua massa em energia luminosa. ∎

B: – Tempo para que observador? – Brinca Bob ao finalizar o exercício.

A: – Você tem tempo de sobra, portanto, para fazer sua viagem interestelar. – Comenta Alice, rindo da brincadeira de Bob.

Bob lembra, então, da aula de radioatividade e fissão nuclear e questiona Alice:

B: – E a energia do sol? Se pensarmos bem, o Sol emite toda essa energia espontaneamente, sem que nada atue sobre ele. Seria a energia do Sol proveniente de algum decaimento radioativo?

A: – Na verdade a energia do Sol envolve um processo que se chama fusão nuclear. Ou seja, a junção de núcleos atômicos para formar outro núcleo.

B: – Sim, eu me recordo que em um exercício mostramos que é energeticamente possível que um núcleo de Hélio 4 seja formado a partir de 4 de hidrogênio.

A: – Na verdade o ^4He é formado pela fusão de dois ^3He. – Comenta Alice, enquanto passa o pincel para Bob.

> **Exercício 3.16** Considere a reação:
>
> $$^3He + {}^3He \longrightarrow {}^4He + {}^1H + {}^1H. \qquad (3.3)$$
>
> Calcule: **a)** A variação de massa **b)** A energia liberada. ∎

B: – Então o hélio 4 é produzido a partir do hélio 3. E o hélio 3, de onde vem?
A: – O hélio 3 também é produzido dentro do Sol. – Comenta Alice, enquanto vai à lousa. – O processo é o seguinte.

$$^2H + {}^1H \longrightarrow {}^3He + \gamma \tag{3.4}$$

Nessa equação, γ é a letra grega usada para representar a radiação eletromagnética gama. Cuidado para não confundir com o fator γ, das transformações de Lorentz. – Finaliza Alice, passando o pincel para Bob.

> **Exercício 3.17** Dado que $m_{^3He} = 5,00823 \times 10^{-27}$ kg, calcule, para a reação (3.4): **a)** A variação de massa **b)** A energia liberada.

B: – Está faltando letra grega para a física! – Brinca Bob e continua: – A radiação γ não apareceu nas outras reações. Ela não deveria estar sempre presente? – Comenta Bob após resolver o exercício.
A: – Boa pergunta, Bob. De fato, o que sempre deve ser conservado é a energia. O excesso de energia pode ser compensado na forma de energia cinética dos produtos ou mesmo outras formas de radiação.
B: – Entendi. Mas você não respondeu minha pergunta e ainda gerou mais dúvidas.– Comenta Bob, não contente com a resposta que encontrou. – As reações acima não envolvem elementos radioativos como o Urânio, como pode o Sol brilhar espontaneamente?

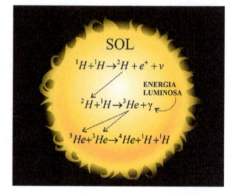

Figura 3.2 – Reações no Sol

A: – Basta lembrar do nosso exemplo da junção de um próton e um elétron, que emite energia e gera o hidrogênio. Todavia, no caso do Sol, temos um processo de junção de núcleos atômicos.
B: – Mas no caso do Hidrogênio, o próton tem carga positiva e o elétron carga negativa. A atração elétrica faz eles naturalmente se juntarem para liberar energia. Já os núcleos sempre têm carga positiva, como é possível que, "naturalmente", eles se combinem?
A: – Muito bem, Bob, ótimo questionamento. De fato os núcleos se repelem e, por isso, são necessárias temperaturas muito altas para que esses núcleos colidam com bastante velocidade e se unam. Nesse processo, muita energia é liberada, que novamente aquece o Sol, gerando mais colisões e assim por diante. A temperatura necessária para unir dois prótons é de 12 milhões de graus Celsius, bem acima das temperaturas de 30 graus da Cidade de Fortaleza.
B: – Talvez se eu for em Iguatu, no interior do Ceará, eu encontre essa temperatura. – Brinca Bob.

3.2 Viagem ao Centro do Sol

Alice dá uma gargalhada e continua:

A: – Para você ter uma ideia, com essa temperatura os prótons têm velocidade $v = 10^6$ m/s. Para o nosso Sol, próximo ao seu núcleo, as temperaturas chegam a 14 milhões de graus e é lá que essas reações ocorrem.

B: – Seria possível uma fonte de energia como a do Sol aqui na Terra?

A: – A dificuldade é controlar temperaturas tão altas. Até hoje muitos avanços foram alcançados, mas espera-se que somente em 20 anos teremos energia de fusão disponível para uso comercial.

B: – Parece, então, que os átomos são produzidos no núcleo das estrelas? – Segue Bob nos questionamentos.

A: – Perfeitamente. Esse processo se chama nucleossíntese estelar. O primeiro a sugerir que a fusão seria responsável por gerar a energia do Sol foi Arthur Eddington, em 1920. Em 1938, Hans Bethe, em um artigo intitulado "Produção de Energia nas Estrelas", calculou a taxa em que os processos de fusão do hidrogênio em hélio ocorrem. Isso rendeu a ele o Prêmio Nobel em 1967. Em estrelas com mais massa que o Sol, elementos mais pesados são produzidos. Muitas vezes essas estrelas implodem e espalham esses átomos pelo universo. Outros elementos podem ser produzidos, por exemplo, na fusão de estrelas de nêutrons com buracos negros. Isso foi confirmado recentemente pelo LIGO.

B: – Isso quer dizer que todos os átomos da Terra algum dia já fizeram parte de uma estrela?

A: – Exatamente. Inclusive os do seu corpo. Nós somos feitos de poeira das estrelas!

B: – Uau, desse jeito, vou impressionar mais ainda meu professor de Relatividade. Mas tenho outra dúvida. – Fala Bob, incansável em seus questionamentos. – Na reação da equação (3.4), existe um deutério do lado esquerdo. Ele também é produzido no Sol?

A: – Sim, Bob, a primeira das reações que ocorre, até se formar o hélio, é a seguinte:

$$^1H + {}^1H \longrightarrow {}^2H + e^+ + \nu$$

B: – O que é que seriam e^+ e ν?? – Bob questiona, pasmo.

A: – Essa última é o neutrino, já e^+ é uma partícula de massa igual à do elétron, mas de carga igual a do próton. Ela é chamada de pósitron.

B: – Mais partículas? Quem encomendou isso?? – Pegunta Bob, enquanto coça a cabeça desconcertado.

A: – Essas são novas partículas, que não falamos até agora.– Alice responde, rindo do jeito de Bob.

B: – E como os físicos descobriram que existem essas partículas dentro do núcleo do Sol??

A: – Elas não foram descobertas lá, mas em experimentos na Terra.

B: – Mas onde, na Terra, existem tão altas temperaturas ou energias para produzir essas partículas?

A: – Dos raios cósmicos. Mas agora já estou cansada, vamos deixar isso para outro dia. Agora faça esses exercícios e depois vamos passear de bike?

> **Exercício 3.18** Um exemplo de reação nuclear é dada por $p + {}^7\text{Li} \rightarrow {}^4\text{He} + {}^4\text{He}$. Considere as massas anteriores e que $m_{7\text{Li}} = 7,016004$ u. Calcule quanta energia é liberada nessa reação. ∎

3.3 César Lattes e Leite Lopes: Caçadores de Partículas

Após a descoberta da Radioatividade, os físicos descobriram que existia um tipo de radioatividade que era gerada por raios cósmicos que chegam até a Terra. Em sua maioria, esses raios são compostos por prótons em alta velocidade que colidem com átomos da atmosfera. Por sua vez, os raios cósmicos são gerados em fenômenos astrofísicos. Na seção passada, vimos como a relação $E = mc^2$ pode ser aplicada na fissão e fusão de núcleos atômicos. Todavia, ao fim de nossa última seção, nosso aventureiro, Bob, questionou Alice sobre as novas partículas que apareceram. Seria possível não só dividir, como gerar novas partículas? Sim, mas isso deve obedecer algumas leis. Uma delas é a conservação de massa-energia.

3.3.1 A Descoberta da Antimatéria

Ao procurar por uma teoria relativística da mecânica quântica, o físico Paul Dirac foi levado a uma conclusão surpreendente. Em 1928 ele descobriu que deveria existir uma nova partícula, de mesma massa, mas carga contrária à do elétron. Essa conclusão dificilmente seria aceita se não fosse feita por ele, que pode ser considerado um dos fundadores da mecânica quântica, com Bohr, Heisenberg e outros. E foi observando os raios cósmicos que Carl Anderson encontrou a partícula prevista por Dirac. Para fazer sua descoberta, Anderson uti-

3.3 César Lattes e Leite Lopes: Caçadores de Partículas

lizou câmaras de nuvens inventadas recentemente. Partículas carregadas deixam um rastro ao passar por elas e, ao aplicar um campo magnético, as partículas fazem curvas. Dependendo da forma dessas curvas, é possível descobrir algumas de suas propriedades. Em 1932 ele observou dois rastros em sua câmara: uma fazia um círculo para a direita, e outra um círculo idêntico para a esquerda. Isso mostrava que a única diferença era o sinal da carga. Uma delas era o elétron e a outra, portanto, tem carga positiva.

O próprio Anderson cunhou o nome "pósitron" para o novo "elétron positivo", que é representado por e^+. Com isso, para o elétron usamos e^-. Esse processo esta representado na Figura 3.3 e é descrito por $\gamma \longrightarrow e^+ + e^-$, onde γ é a radiação eletromagnética gerada pelos raios cósmicos. Por essa descoberta experimental ele ganhou o prêmio Nobel em 1936. Pela previsão teórica, Dirac ganhou o Prêmio Nobel em 1938, que foi dividido com Erwin Schroedinger. Qual deve ser a energia mínima dos raios gama para que um pósitron e um elétron sejam gerados?

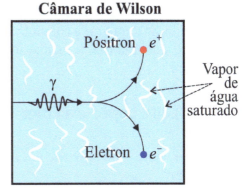

Figura 3.3 – Antipartícula do elétron: pósitron

> **Exercício 3.19** Use que a massa do pósitron é igual à do elétron e descubra a energia mínima de um fóton para que o par seja criado.

Note que além da energia, na reação acima, a carga também esta sendo conservada. Do lado esquerdo temos a luz, sem carga, e do lado direito a soma das cargas é nula. A conservação de carga se preserva na produção dessa nova partícula. O processo inverso também é possível, ou seja, um par elétron-pósitron pode gerar energia eletromagnética. É a relação massa e energia na sua forma mais pura!

Dizemos, então, que o pósitron é a antipartícula do elétron. Essa característica não é única do elétron. Posteriormente se descobriu que todas as partículas têm suas antipartículas. Nos dias de hoje, os físicos conseguiram produzir até um antiátomo de hidrogênio! A dificuldade é que, assim que a antimatéria encontra matéria, elas se aniquilam e liberam energia na forma de radiação. Na série Jor-

Capítulo 3. E=mc² e a Física de Partículas

nada nas Estrelas, os cientistas descobriram um material que não reage com a antimatéria, chamado "Dilithium". Isso propiciou construir tanques para antimatéria e naves com propulsão à luz.

> Exercício 3.20 Após aniquilar 1 kg de antimatéria com um 1kg de matéria, quanta energia é gerada pela Enterprise?

O PET scan é um exame utilizado para detectar tumores cancerígenos. Sua sigla significa "tomografia computadorizada por emissão de pósitrons" [6]. Como o próprio nome já diz, o exame utiliza os pósitrons descobertos por Dirac e Anderson.

3.3.2 Leite Lopes e a Força Fraca

Ao ler sobre a nova partícula, o pósitron, Bob novamente vai ao encontro de Alice:

B: – Alice, eu li sobre o elétron positivo, aquela partícula que aparece na reação no centro do Sol.
A: – Bob, são 7 da manhã, você está bem empolgado com seu curso de física, heim?!

Após um riso desconcertado, Bob continua:

B: – Ele foi proposto por um grande físico, o Dirac.
A: – Realmente, ele foi um grande físico. Sobre ele, Einstein certa vez disse: "Eu tenho problemas com Dirac. Esse equilíbrio no vertiginoso caminho entre o gênio e a loucura é horrível."

Ao saber que Einstein se referiu a Dirac como louco, Bob dá uma gargalhada. Lembrando do País das Maravilhas, se perde, mais uma vez, em pensamentos. Alice percebe e diz, brincando:

A: – Bob! Você está de novo no país das maravilhas?
B: – Acertou! – Diz Bob, achando graça da situação – Lembrei do diálogo entre o Chapeleiro Maluco e Alice. Estava imaginando que poderia ser o Dirac nesse diálogo.
A: – De fato, os loucos são os melhores! – responde Alice, gostando da associação de Bob.
B: – Tem uma coisa que eu não entendi. Diferente da fusão e fissão dos átomos, o pósitron e o elétron saem de um fóton.
A: – E qual o problema nisso?

---

[6]Para uma descrição detalhada do funcionamento do PET scan, veja o artigo da RBEF [6].

3.3 César Lattes e Leite Lopes: Caçadores de Partículas

B: – Podemos dizer que dentro da luz existe um elétron e um pósitron?

A: – Na verdade não, Bob. – Alice responde ao entender a confusão de Bob.

B: – Além disso, ainda não entendi porque, no núcleo do Sol, essa nova partícula aparece junto com o neutrino.

A: – A resposta a essas duas perguntas foi encontrada por Pauli e Fermi. Essa é mais uma das incríveis histórias da física de partículas. Ainda em 1900, Becquerel descobriu que a radiação beta deveria conter um elétron. Todavia, nas duas décadas seguintes, após estudos mais detalhados, se descobriu que a energia não estava sendo conservada. Bohr chegou a propor que a energia seria conservada somente estatisticamente. Abrir mão dela, todavia, parecia muito radical. Para preservar a lei da conservação de energia, em 1930 Wolfgang Pauli sugeriu que, dentro do núcleo, existia uma nova partícula. Ela seria extremamente leve e sem carga. Quem usou essa ideia e construiu uma teoria sólida sobre o decaimento beta foi o físico Enrico Fermi, em 1931. Nesse importante artigo de Fermi, pela primeira vez, foi proposto que partículas poderiam ser criadas em um processo. Portanto, diferente da sugestão de Pauli, o neutrino não existe dentro do átomo, mas seria gerado durante o decaimento beta.

B: – Como é? Uma partícula gerada do nada?

A: – Isso mesmo, Bob. O mesmo ocorre para o par elétron-pósitron. Esse artigo do Fermi foi bastante importante e foi seminal para o desenvolvimento futuro da teoria quântica de campos. A confirmação experimental do neutrino viria somente em 1956. O decaimento beta é descrito pela seguinte reação:

$$n \to p^+ + e^- + \nu$$

B: – Essa reação conserva energia?

Alice, então, passa o pincel para Bob.

> **Exercício 3.21** Calcule quanta energia é liberada quando o nêutron decai para o próton. Lembre que $m_p = 1,67265 \times 10^{-27}$ kg e $m_n = 1,67495 \times 10^{-27}$ kg. ∎

Bob pensa um pouco e não fica satisfeito:

B: – No decaimento beta, um elétron é emitido junto com o neutrino. Mas, no caso do Sol, temos um pósitron emitido com o neutrino. Esse processo seria o próton decaindo para um pósitron e um neutrino na reação $p \to n + e^+ + \nu$?

A: – Na verdade o próton não pode decair espontaneamente para o nêutron. Como você mesmo observou acima, a massa do nêutron é maior que a do próton e esse processo não conservaria energia.

B: – Ora, mas no núcleo do Sol temos $^1H + {}^1H \rightarrow {}^2H + e^+ + \nu$ e tudo indica que um próton perdeu um pósitron para virar um nêutron e se unir com o outro próton e formar o núcleo do deutério.

A: – Você está certo e errado Bob. Note que do lado esquerdo da reação do Sol, não tem um próton isolado que decai. Como dito antes, precisamos de colisões de dois prótons em altíssimas velocidades (e, portanto, energias), para que essa reação ocorra. Ela também pode ocorrer em núcleos de altos números atômicos se for favorável energeticamente. Essa emissão por núcleos foi descoberta por Irène Joliot-Curie, filha de Marie Curie, e foi obtida ao bombardear alumínio com partículas alfa. Descobriu a radioatividade artificial e por essa descoberta ela ganhou o prêmio Nobel da Química em 1935. Que família!

B: – Muito massa! Ou seria "muita energia"?

Alice dá uma risada e Bob continua:

B: – E esses neutrinos são os mesmos?

A: – Na verdade, no mesmo experimento que confirmou a existência de neutrinos, Cowan e Reines observaram que, ao utilizar os neutrinos da radiação beta, a seguinte reação não existia: $\nu + n \rightarrow p + e^-$. Em vez disso, a seguinte era observada: $\nu + p \rightarrow n + e^+$.

B: – Que coisa estranha. As duas reações conservam carga elétrica e energia. E agora?

A: – Com isso eles de fato descobriram que o neutrino que aparece nas reações com elétron é diferente do neutrino que aparece nas reações com pósitron. Eles descobriram assim o antineutrino.

B: – Mas o que explica a reação não ser permitida?

A: – Foi proposta uma nova carga conservada, chamada número leptônico.

B: – Uma nova carga?? Tipo elétrica?

A: – Um pouco diferente. Para que somente uma das reações acima seja permitida, foi proposto que o elétron e o neutrino do elétron têm número leptônico 1. Já as antipartículas têm número leptônico -1. O antineutrino fica representado por $\bar{\nu}$, e tem número leptônico -1. Com isso, a forma correta de representar a segunda das reações acima é por $\bar{\nu} + p \rightarrow n + e^+$. Do lado esquerdo temos um antineutrino, de número leptônico -1. Do lado direito, temos o pósitron, também com número leptônico -1. Já a primeira é representada por $\bar{\nu} + n \rightarrow p + e^-$ e o número leptônico não é preservado. Por essa descoberta Cowan e Reines ganharam o prêmio Nobel em 1995.

B: – Então o decaimento beta, na verdade, deve ser representado por $n \rightarrow p + e^- + \bar{\nu}$?

3.3 César Lattes e Leite Lopes: Caçadores de Partículas 101

A: – Exatamente, Bob, somente dessa forma a soma do número leptônico é nulo do lado direito.

B: – Certo, então além de carga elétrica e energia, agora temos um novo número conservado.

A: – Por um lado isso é bom, parece que estamos desvendando as regras do mundo atômico. Por exemplo, somente usando conservação de número leptônico é possível saber se as seguintes reações são possíveis.

> **Exercício 3.22** Use a conservação de número leptônico para dizer se os seguintes processos são possíveis: **a)** $\bar{\nu}+n \rightarrow p+e^-$ **b)** $\bar{\nu}+n \rightarrow p+e^+$ **c)** $\nu+n \rightarrow p+e^+$ **d)** $n \rightarrow p+e^- + \nu$. ∎

B: – Então a reação $p + e^- \rightarrow \nu + n$ é permitida e é possível que um elétron se junte com um próton para gerar um nêutron e um neutrino?

A: – Sim, de fato esse processo acontece na formação de estrelas de nêutrons.

B: – Muito legal, Alice. – Bob dá uma pausa. – Então temos 3 partículas novas: o neutrino, o pósitron (antielétron) e o antineutrino.

A: – Esse é só o começo da história. Havia muitos outros rastros deixados nas câmaras de nuvens que precisavam ser refinados e interpretados. Em 1936 Anderson descobriu um tipo de radiação de mesma carga do elétron, mas mais penetrante. Ele descobriu que ela tinha massa maior e, portanto, não poderia ser o elétron. Ele, então, entendeu que havia descoberto uma nova partícula chamada múon, com massa de aproximadamente 207 vezes a do elétron. Assim como o elétron, o múon (μ^-) também possui uma antipartícula de mesma massa mas carga positiva (μ^+).

B: – Múon?

A: – Sim, você deve ter estudado sobre ele no capítulo 02, para comprovar a dilatação do tempo.

B: – Sim, me recordo! O múon tem mesma carga elétrica, mas tem mesmo número leptônico que o elétron?

A: – Por que a pergunta?– questiona Alice, tentando entender a linha de raciocínio de Bob.

B: – Como o múon é mais pesado, poderíamos ter o decaimento $\mu^- \rightarrow e^- + \gamma$? Ele conserva carga elétrica e energia, faltaria somente conservação de número leptônico.

A: – Muito boa sua linha de raciocínio, Bob! – comenta Alice, impressionada com seu amigo, e continua: – Todavia o decaimento permitido é o seguinte:

$$\mu^- \rightarrow e^- + \bar{\nu}_e + \nu_\mu \tag{3.5}$$

B: – Alice, agora fiquei confuso. Que letras são essas que você colocou nos neutrinos?

A: – Ah, devo ter ido rápido demais. Posteriormente se descobriu o neutrino do múon. Eles são diferentes dos neutrinos do elétron.

A: – Eles também são léptons e uma nova carga, o número leptônico de múons, deve ser conservado. O múon e o neutrino do múon possuem carga $l_\mu = +1$ e suas antipartículas $l_\mu = -1$.– Comenta Alice aguardando a reação de Bob.

B: – Certo, o múon, do lado esquerdo, tem carga $l_\mu = +1$, o elétron, do lado direito, têm $l_e = +1$. Qualquer coisa extra que apareça, portanto, deve ter $l_e = -1$ e $l_\mu = +1$.

A: – Exatamente, Bob. Com isso é fácil ver que os dois lados da reação 3.5 têm $l_e = 0$ e $l_\mu = 1$.

B: – Que massa, Alice! O mesmo vale para o antimúon?

A: – Claro que sim, e você pode mostrar se os seguintes decaimentos são possíveis do ponto de vista da conservação dos números leptônicos do elétron e do múon. – Alice comenta, passando mais uma vez o pincel para Bob.

> **Exercício 3.23** **a)** $\mu^+ \to e^+ + \nu_e + \bar{\nu}_\mu$ **b)** $\mu^- \to e^- + e^- + e^+$ **c)** $\mu^- \to e^- + \gamma$. ∎

B: – Alice, são muitos novos decaimentos e novas partículas. Existe algum tipo de força que cause isso?

A: – Bob, essa mesma pergunta foi feita por Leite Lopes, um grande físico brasileiro.

B: – Leite Lopes?

A: – Sim, ele foi aluno de doutorado do próprio Fermi. Ele imaginou o seguinte: a radiação eletromagnética decai no pósitron e no elétron. Por sua vez, o campo eletromagnético é responsável pela força elétrica. Será que existe algo similar para os decaimentos acima?

B: – Além disso, tem até uma nova carga conservada, né?

A: – Perfeitamente, Bob. Então ele propôs que os decaimentos acima indicam uma nova força, que ficou conhecida como força fraca.

B: – E essa nova força tem um campo eletromagnético? Ou algo parecido com o fóton?

A: – Tem sim, esses são os chamados bósons, os mediadores das forças. No caso do eletromagnetismo temos o fóton.

B: – E na força fraca?

A: – Nesse caso os bósons são três, W^+, W^- e Z^0.

B: – Os bósons têm carga elétrica??

A: – Têm sim, logo eles sentem a força elétrica!

Figura 3.4 – José Leite Lopes

3.3 César Lattes e Leite Lopes: Caçadores de Partículas 103

B: – Ele ganhou o prêmio Nobel por isso??

A: – Infelizmente, não, na verdade ele só propôs o primeiro mediador Z^0. A teoria completa da força fraca foi desenvolvida por Sheldon Glashow, Abdus Salam ande Steven Weinberg, que ganharam o prêmio em 1979.

B: – Quanta injustiça! E onde entram esses bósons nos decaimentos acima?

A: – Eles têm números leptônicos 0 e qualquer decaimento deve conservar isso. Vejamos alguns casos:

> **Exercício 3.24** Os mediadores da força fraca W^+, W^- e Z^0 têm números leptônicos 0. De acordo com a conservação dos números leptônicos, as seguintes reações são permitidas? **a)**$W^+ \to e^+ + \nu_\mu$, **b)** $Z^0 \to e^+ + \mu^-$, **c)** $W^- \to e^- + \bar{\nu}_e$ **d)** $W^+ \to e^+ + \nu_e$.

B: – Muito legal, já me sinto um físico de partículas! Acho que agora já entendo tudo sobre o mundo atômico.

A: – Não se apresse. No ano anterior à descoberta do múon, Hideki Yukawa havia proposto uma nova partícula. Ela seria responsável pela coesão do núcleo atômico.

B: – Não entendi, como assim, "coesão do núcleo atômico"?

A: – Lembre que dentro no núcleos de muitos átomos temos vários prótons. O que mantém esses prótons juntos? A repulsão elétrica deveria separar o núcleo. A ideia de Yukawa era que essas partículas seriam como colas do núcleo. Ele encontrou que a massa dessas partículas deveria ser aproximadamente 200 vezes a do elétron. Pensou-se, então, que o múon era essa partícula. Todavia, se o múon é uma "cola" entre prótons e nêutrons, não era de se esperar que ele atravessasse grandes quantidades de matéria sem ser "capturado" ou "colado" nos núcleos. A resposta a esse enigma vem com César Lattes.

3.3.3 César Lattes e a Força Forte

César Lattes foi um físico Brasileiro que deu grandes contribuições para a física de partículas. Na década de 1940 ele foi trabalhar no Laboratório de H. H. Wills, da Universidade de Bristol, dirigido por Cecil Frank Powell. Nessa época, além das câmaras de nuvens, se começou a usar placas fotográficas com emulsões. Apesar de finas, as partículas deixavam rastros permanentes nessas placas. Além disso, já estava bastante claro para os físicos que, quanto mais alto, mais radiação cósmica seria encontrada. Após expor essas chapas no Pic du Midi nos Pirineus Franceses, ele encontrou os primeiros traços de uma nova partícula. Para ter certeza dos resultados, ele teve a ideia de adicionar Boro nas emulsões. Além disso, sabia que precisava de mais altura para ter mais rastros da nova partícula. Com isso em mente e suas novas emulsões, voou para o Monte

Chacaltaya, na Bolívia. Lá, todas suas desconfianças foram confirmadas e, sem qualquer dúvida, ele descobriu os píons positivos e negativos, representados por π^+ e π^-. Os resultados foram imediatamente publicados na revista *Nature*, com Lattes sendo o principal autor. Por essa descoberta, ele ganhou o prêmio Nobel? Não, Cecil Powel ganhou o prêmio por essa descoberta em 1950. Ocorre que até a década de 1960 a regra era que somente líderes de grupos de pesquisa podiam ganhar o prêmio Nobel. Após isso, Lattes foi para a Califórnia trabalhar no laboratório de Eugene Garden. Lá conseguiu, pela primeira vez, produzir os píons em laboratório. Segundo o próprio Lattes: "Sabe por que não nos deram o Nobel? Garden estava com beriliose por ter trabalhado na bomba atômica durante a Guerra, e o berílio tira a elasticidade dos pulmões. Morreu pouco depois e não se dá o prêmio Nobel para morto. Me tungaram duas vezes.". Os píons, e não os múons, são as partículas que contribuem para a coesão do núcleo do átomo. Com seus conhecimentos de relatividade, determine:

Exercício 3.25 Chacaltaya está a uma altura de 5.421 m. Qual a velocidade mínima para que os píons sejam detectados por César Lattes? Considere que o píon é gerado em uma altitude de 30 km e o tempo de vida é de $2,6 \times 10^{-8}$ s.

Após sua aula, Bob vai mais uma vez conversar com Alice e falar sobre um grande físico brasileiro que foi "tungado" duas vezes do prêmio Nobel. Ela responde:

A: – Lattes foi um grande físico, e foi indicado 5 vezes ao prêmio Nobel entre 1949 e 1954.

Figura 3.5 – César Lattes

B: – Alice, você sabe de tudo por acaso?

Alice dá uma leve risada e continua:

A: – Nas chapas fotográficas, Lattes descobriu também que os píons decaíam nas partículas encontradas por Anderson, os múons positivos e negativos. Os decaimentos dos píons observados por Lattes foram os seguintes:

$$\pi^+ \to \mu^+ + \nu_\mu, \; \pi^- \to \mu^- + \bar{\nu}_\mu.$$

B: – Vixe, quanta letra grega! Agora entendo o meme 3.6 que eu vi. – Comenta Bob com uma farta risada. – Mas já estou entendendo a brincadeira. Os píons devem ter cargas leptônicas nulas, pois do lado direito dos decaimentos acima temos $l_\mu = 0$ e $l_e = 0$.

3.3 César Lattes e Leite Lopes: Caçadores de Partículas

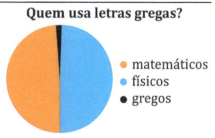

Figura 3.6 – Uso de letras gregas

A: – Muito bom, Bob. E em 1950, além dos píons de Lattes, foi descoberto um píon neutro π^0. Com isso você pode "brincar" de partículas. – Alice passa o pincel para Bob. – Do ponto de vista de números leptônicos, os seguinte decaimentos são permitidos?
B: – Pelo que estou entendendo, além da conservação de energia, agora temos conservação de carga elétrica, número leptônico do elétron e número leptônico do múon.

Exercício 3.26 a) $\pi^+ \to e^+ + \nu_e$. b) $\pi^- \to e^- + \bar{\nu}_e$. c) $\pi^+ \to \pi^0 + e^+ + \bar{\nu}_e$. d) $\pi^- \to \pi^0 + e^- + \nu_e$ e) $\pi^0 \to e^+ + e^-$.

A: – Também é necessário conservar o momento. Parece que seu professor ainda não falou sobre isso.
B: – Sim, me recordo que ele falou no caso não relativístico, quando Huygens descobriu que, na colisão de dois corpos, tanto momento como energia devem ser conservados para determinar as velocidade finais.
A: – No caso relativístico, o mesmo deve ocorrer. Todavia, no caso com velocidade a energia é dada por $E = \gamma mc^2$ e o momento $p = \gamma mv$.
B: – Pera lá, apareceram aí fatores de γ.
A: – Sim, e isso dificulta um pouco os cálculos, mas essencialmente a ideia é a mesma.
B: – Com isso conseguimos determinar as velocidades das partículas nos decaimento?
A: – É bem semelhante aos casos tratados por Huygens, Bob. No caso de decaimento para duas partículas, as velocidades dos produtos são determinadas exatamente, apesar de a álgebra ser um pouco mais elaborada. Foi isso que levou Pauli a propôr o neutrino. Se no decaimento beta existisse somente o elétron, as velocidades seriam determinadas exatamente. Todavia, ao medir essas energias e momentos, se descobriu que o elétron era emitido com várias velocidades diferentes. Isso só seria possível se a energia não fosse conservada ou se existisse uma partícula "invisível" sendo gerada junto.
B: – Muito legal, pelo que vimos nas reações do Sol, muitos neutrinos do elétron devem ser gerados lá.
A: – Sim, os neutrinos solares são a maior fonte de neutrinos do elétron medidos na Terra. Todavia, uma quantidade bem abaixo da esperada é efetivamente medida na Terra.
B: – E o que significa isso?

A: – Que os números leptônicos são conservados somente aproximadamente. Existe oscilação de neutrinos de um tipo para outro. Teoricamente, isso foi proposto por Bruno Pontecorvo em 1957. A comprovação experimental rendeu o prêmio Nobel de 2015 a Takaaki Kajita e Arthur McDonald. Se Pontecorvo estivesse vivo, certamente dividiria o prêmio com eles.

Bob, já um pouco cansado, mas ainda empolgado comenta:

B: – Incrível, Alice! O mundo atômico parece ser bem mais rico do que eu imaginava.

A: – Essa é somente a ponta do iceberg, Bob. Muita novas partículas foram descobertas. Dentre elas, as partículas e a compreensão da força responsável pela coesão do núcleo atômico estavam apenas começando na década de 1950. Os píons descobertos por Lattes fazem parte dessa força, chamada força forte. Uma das grandes aventuras do século XX foi descobrir em detalhes o funcionamento dessas forças. Para alcançar isso, os raios cósmicos já não eram suficientes, pois não existia controle na produção das novas partículas. Por isso foi tão importante a produção, por Lattes, do píon em laboratório. A partir da década de 1950 se partiu para a construção de aceleradores para controlar melhor a produção e observação dessas partículas.

B: – E qual o papel desses aceleradores de partículas? Ainda não está claro para mim.

A: – Bom, em praticamente todos os nossos exemplos acima, vimos como as partículas decaem em outras. Ou seja, de alguma forma, estamos transformando a massa em energia cinética. Todavia, o contrário também é possível e podemos transformar energia cinética em novas partículas. Por exemplo, você acha que a reação $p + p \rightarrow p + p + \pi^0$ é possível?

B: – Claro que não! A soma das massas do lado direito é obviamente maior que a soma das massas do lado esquerdo.

A: – Muito bem. Todavia, se os prótons do lado esquerdo tiverem uma velocidade muito grande, a reação será permitida. Parte de sua energia cinética será para criar o píon do lado direito. Inclusive, essa é uma das reações para produção de píon em laboratório.

B: – Entendi. Então quanto maior e mais energéticos forem os aceleradores, mais partículas e reações conseguiremos produzir. Com mais reações, conseguimos descrever melhor como funciona a física de partículas.

A: – Isso mesmo. Hoje essa descrição é conhecida como Modelo Padrão das Partículas Elementares. É uma área de pesquisa bastante ativa,

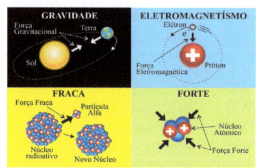

Figura 3.7 – Forças fundamentais

3.3 César Lattes e Leite Lopes: Caçadores de Partículas

como indica o caso da oscilação de neutrinos. A última partícula do modelo, o bóson de Higgs (famosa partícula de deus), foi encontrada experimentalmente somente em 2013.

B: – Nenhuma nova partícula foi encontrada? É o fim da física?

A: – Você deve estudar isso nos próximos capítulos do seu livro Bob. Por enquanto, lembre que essas são as quatro forças da natureza: Eletromagnética, Fraca, Forte e Gravitacional. Falta você compreender melhor a força Gravitacional. Agora você deve treinar o que aprendeu aqui.

> **Exercício 3.27** A reação $p + p \to p + n + \pi^+$. Calculando a diferença de massa no fim e no início, ela pode ocorrer com os dois prótons em repouso? ▪

> **Exercício 3.28** A partir de 1947 foram descobertos os kaons K^+, K^-, K^0 e têm números leptônicos 0. De acordo com a conservação de carga elétrica e dos números leptônicos, as seguinte reações são permitidas? **a)** $K^+ \to \pi^+ + \pi^0 + \bar{\nu}_\mu$, **b)** $K^+ \to \mu^+ + \bar{\nu}_\mu$, **c)** $K^+ \to \pi^+ + \pi^+ + \pi^-$, **d)** $K^+ \to e^- + \bar{\nu}_\mu$. ▪

4. O Mundo Quadridimensional

Nos capítulos anteriores, vimos algumas consequências da relatividade restrita. Elas se basearam nos postulados:

1) As leis da física são as mesmas em todos os referenciais inerciais.
2) A velocidade da luz no vácuo é a mesma em todos os referenciais inerciais.

No capítulo 2, citamos o comentário de Einstein sobre uma aparente contradição entre os dois postulados. Essa aparente contradição consiste no seguinte: se os referenciais inerciais possuem velocidades diferentes, como podem observar a luz com a mesma velocidade? Para resolver isso, precisamos das transformações completas que relacionam os dois referenciais inerciais S e S'. Finalmente estamos prontos. Aqui vamos obtê-las e discutir as suas consequências.

4.1 As Transformações de Lorentz

No capítulo 1, vimos a importância das transformações de Galileu. Em posse dessas transformações, conseguimos relacionar quaisquer fenômenos nos dois referenciais inerciais S e S'. Para a relatividade restrita, vimos que as coisas ficam um pouco diferentes. Por exemplo, temos os fenômenos da dilatação do tempo e contração do espaço. Todavia, não encontramos as transformações completas que relacionam os dois referenciais $S = \{x, t\}$ e $S' = \{x', t'\}$. Essas transformações devem ser obtidas dos postulados da relatividade. A única forma para que a velocidade da luz seja a mesma para ambos os referenciais é que x' e t' se modifiquem de tal maneira que garanta isso. O que só pode ser obtido com as transformações de Lorentz.

Com nossos resultados do capítulo 2, podemos descobrir essas transformações. Considere uma barra de comprimento L_0 em repouso em S'. Considere ainda que a extremidade esquerda está na origem e, portanto, à direita em $x' = L_0$. Para o referencial S encontramos que a posição da extremidade direita da barra é dada por $x = vt + L$. No caso Galileano tínhamos simplesmente $L = L_0$. Todavia, com a contração relativística que encontramos no capítulo 02 temos $L = L_0/\gamma$. A descrição é dada na Figura 4.1. Com isso obtemos

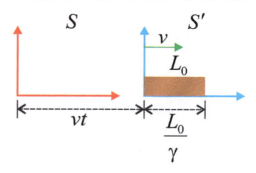

Figura 4.1 – Transformações de Lorentz

$$x = vt + \frac{L_0}{\gamma} = vt + \frac{x'}{\gamma} \rightarrow x' = \gamma(x - vt). \quad (4.1)$$

Considere agora que a barra está parada em S. Para S' a barra está contraída e com velocidade $-v$. Obtemos de forma similar que $x' = -vt' + x/\gamma$. Note que, para S', temos que usar t' e não t. Com isso obtemos

$$x = \gamma(x' + vt'). \quad (4.2)$$

E para os tempos? Basta um pouco de álgebra e deixaremos para você.

Exercício 4.1 **a)** Mostre que

$$\frac{1}{\gamma} - \gamma = -\gamma\frac{v^2}{c^2}.$$

b) Substitua (4.1) em (4.2) e use o resultado do item **a)** e obtenha

$$t' = \gamma(t - \frac{v}{c^2}x).$$

c) Substitua (4.1) no resultado do item **b)** e use o resultado do item **a)** para obter

$$t = \gamma(t' + \frac{v}{c^2}x').$$

4.1 As Transformações de Lorentz

Obtemos, portanto, as transformações Lorentz, e suas inversas, que relacionam de forma completa os referenciais S e S'

$$x' = \gamma(x - vt), \quad t' = \gamma\left(t - \frac{v}{c^2}x\right), \tag{4.3}$$

$$x = \gamma(x' + vt'), \quad t = \gamma\left(t' + \frac{v}{c^2}x'\right). \tag{4.4}$$

Einstein obteve essas transformações em 1905. Todavia, Lorentz havia proposto as mesmas transformações anteriormente, utilizando a invariância das equações do eletromagnetismo. Quando Einstein teve conhecimento do fato, imediatamente começou a chamá-las de "Transformações de Lorentz". No apêndice, damos a demonstração de Einstein, utilizando os postulados.

Observe que esta transformação nos diz como relacionar as coordenadas $\{x, t\}$ de um referencial inercial S com as coordenadas $\{x', t'\}$ de outro referencial inercial S' que se move com velocidade v em relação ao referencial S. Se $v \ll c$, então, as transformações de Lorentz se reduzem para

$$x' = x - vt, \qquad t' = t,$$

que são as transformações de Galileu. Como era de se esperar, para velocidades do nosso cotidiano é válida a relatividade Galileana.

O leitor pode agora estar confuso. Como pode o princípio da relatividade valer para Galileu e para Einstein mas as transformações serem diferentes? O fato é que afirmar que as leis são as mesmas para dois referenciais inerciais não implica em uma relação entre x', t' e x, t. Galileu obteve as transformações usando a hipótese do tempo universal e do espaço absoluto. Einstein usou algo mais fundamental: a constância da velocidade da luz.

> **Exercício 4.2** Seja um referencial inercial S' que se movimenta com uma velocidade $0,8c$ em relação a S. Se, para o referencial S, em $t = 0$, a coordenada x é igual a 2 m, qual é o valor de x' e t' em S'? ▪

4.1.1 Dilatação do Tempo e Contração do Espaço

Vejamos agora como obter nossos resultados anteriores diretamente das transformações de Lorentz. Vamos considerar primeiramente a dilatação do tempo. Considere um observador na origem $x' = 0$ de S' medindo em seu relógio o tempo t'. O observador em S mede o tempo t e é possível saber como podemos relacionar esses tempos:

112 **Capítulo 4. O Mundo Quadridimensional**

> **Exercício 4.3** Substitua $x' = 0$ nas transformações de Lorentz (4.4) e obtenha $t = \gamma t'$.

Obtemos, assim, de maneira quase trivial, nossa dilatação do tempo. Vejamos como obter a contração do espaço. Esse caso é um pouco mais sutil e envolve, como no caso Galileano, a medição das duas extremidades simultaneamente. Para S' chamaremos o comprimento da barra de L_0. Para simplificar, vamos considerar que o referencial S mede a origem da barra em $t = 0$. Portanto, deve medir a outra extremidade também em $t = 0$. Com isso obtemos

> **Exercício 4.4** Substitua $t = 0$, $x = L$ e $x' = L_0$ na primeira das transformações (4.3) e obtenha $L = L_0/\gamma$.

Descobrimos então que, das transformações de Lorentz, podemos tirar todas as consequências da relatividade. Isso era de se esperar, já que construímos essas transformações a partir da contração do espaço e da dilatação do tempo. Agora vejamos como ela pode ser utilizada para obter a soma de velocidades relativística.

4.1.2 Soma Relativística de Velocidades

Finalmente resolveremos o aparente paradoxo entre o primeiro e o segundo postulados. Para entender melhor esse aparente paradoxo, considere que o referencial S' tem velocidade V em relação a S. Na relatividade Galileana, vimos que, se um objeto tem velocidade u' em relação a S', ele terá velocidade $u' + V$ em relação a S. Chamamos isso de teorema da soma de velocidades. Todavia, o segundo postulado da relatividade afirma que os dois referenciais acima devem observar a luz com a mesma velocidade. Como isso é possível? Para resolver isso precisamos do teorema de soma de velocidades para o caso relativístico. Em posse das transformações de Lorentz, poderemos descobrir isso de forma razoavelmente simples.

Imagine que tenhamos uma partícula saindo da origem de S' com velocidade constante u'. Com que velocidade o referencial S verá essa partícula? Vamos utilizar a mesma estratégia que usamos no caso Galileano: descrever a trajetória em S e S' e utilizar as transformações de Lorentz. Temos $x = ut$ e $x' = u't'$. Note que para S' utilizamos todas a variáveis com linha. Utilizando agora transformações de Lorentz (4.3) em $x' = u't'$ obtemos

$$\gamma(x - Vt) = u'\gamma\left(t - \frac{V}{c^2}x\right). \tag{4.5}$$

4.1 As Transformações de Lorentz 113

> **Exercício 4.5** Isole x na equação acima e encontre:
>
> $$x = \frac{u' + V}{(1 + \frac{Vu'}{c^2})}t.$$
>
> (4.6)

Comparando nosso resultado com $x = ut$, descobrimos que

$$u = \frac{u' + V}{(1 + \frac{Vu'}{c^2})}.$$

(4.7)

Se as velocidades consideradas forem pequenas, retornamos ao caso Galileano? Vejamos um exemplo:

> **Exercício 4.6** Uma bala com velocidade $u' = 500$ m/s é disparada dentro de um trem. Se o trem tem velocidade $V = 170$ m/s, qual será sua velocidade para um observador na estação de trem: **a)** De acordo com a relatividade Galileana. **b)** De acordo com a relatividade de Einstein.

O motivo de os resultados acima serem praticamente os mesmos é que o termo Vu'/c^2 é aproximadamente zero, e retornamos pra adição de velocidades de Galileu. Todavia, vejamos o que ocorre quando as velocidades começam a ficar próximas à da luz. Suponha que S' observe uma partícula com velocidade $u' = c/2$ e que este referencial se mova com velocidade $V = c/2$ em relação a S. Use as transformações da relatividade de Einstein para encontrar:

> **Exercício 4.7** Substitua $u' = V = c/2$ em (4.7) e encontre $u = 4c/5$.

O resultado fica bem diferente: na relatividade Galileana, a velocidade vista por S seria simplesmente a soma das duas, ou seja, c. Já pelas transformações da relatividade de Einstein obtivemos $u = 4c/5$. Note que essa velocidade é menor do que c. Teremos a mais a dizer sobre isso nas próximas seções.

Finalmente, vamos ver o que ocorre com a luz. Se um observador em S' emite um raio de luz, qual será a velocidade vista pelo observador em S com velocidade V relativa a S'? O segundo postulado afirma que a velocidade da luz deve ser c para S e S'. Vejamos. Considere que para S' tenhamos $u' = c$, qual será a velocidade para S?

$$u = \frac{u' + V}{1 + \frac{u'V}{c^2}} = \frac{c + V}{1 + \frac{cV}{c^2}} = c\frac{c + V}{c + V} = c.$$

(4.8)

114 **Capítulo 4. O Mundo Quadridimensional**

De acordo com nosso resultado acima, qualquer que seja a velocidade V entre os referenciais, a luz terá a mesma velocidade c. Resolvemos, assim, a aparente contradição, citada pelo próprio Einstein, entre os dois postulados. Para isso tivemos que modificar nosso teorema da soma de velocidades. Existe algo parecido na cinemática Galileana? Ou seja, alguma velocidade que seja sempre a mesma independentemente de somarmos ou subtrairmos outras velocidades? Curiosamente, a resposta é sim. Seria a velocidade infinita. Não importa que se subtraia ou se some velocidades a uma velocidade infinita, ela sempre será infinita. A velocidade da luz faz o mesmo papel do infinito na cinemática Galileana. O próprio Einstein entende isso quando diz no seu famoso livro "A Evolução da Física":

A velocidade da luz é o limite superior para as velocidades de todos os corpos materiais...a simples lei mecânica de somar e adicionar velocidades não é mais válida ou, mais precisamente, só é válida aproximadamente para pequenas velocidades, mas não para aquelas próximas à velocidade da luz. O número expressando a velocidade da luz aparece explicitamente nas transformações de Lorentz, e fazem o papel de um caso limite, como a velocidade infinita na mecânica clássica.

Será possível encontrar uma transformação inversa? Ou seja, sabendo u é possível encontrar u'? Claro que sim, basta um pouco de álgebra.

> **Exercício 4.8** Manipule a equação (4.7) e mostre que
>
> $$u' = \frac{u - V}{1 - \frac{uV}{c^2}}. \tag{4.9}$$

Vejamos agora algumas aplicações da soma de velocidades. Para todos os casos, calcule as velocidades considerando: **a)** a relatividade Galileana **b)** a relatividade de Einstein.

> **Exercício 4.9** Suponha que, para formar o deutério, o próton viaje com uma velocidade de $0.8c$ e o nêutron com uma velocidade de $-0.4c$ em relação ao laboratório. Com qual velocidade o referencial do próton vê o nêutron de acordo com: **a)** Einstein? **b)** Galileu?

> **Exercício 4.10** Em relação ao laboratório, um múon μ^- com velocidade de $v = 0,999c$ decai em $\mu^- \rightarrow e^- + \bar{\nu}_{e^-} + \nu_\mu$. Considere que nesse mesmo referencial o elétron possui velocidade de $u_{e^-} = 0,9999c$ no mesmo sentido em que o múon se propagava. Calcule a velocidade do elétron no referencial

4.1 As Transformações de Lorentz

em que o múon está em repouso antes de decair de acordo com: **a)** Einstein? **b)** Galileu?

Exercício 4.11 Considere que um méson K^+ move-se com velocidade $v = 0,99999c$ no referencial do laboratório. Um dos produtos do decaimento desse méson é um píon π^-, com velocidade $u_{\pi^-} = 0,9995c$ no mesmo sentido de movimento do K^+. Calcule a velocidade do méson K^+ no referencial de repouso do píon π^- de acordo com: **a)** Einstein? **b)** Galileu?

É importante agora nos perguntarmos: será que existe um experimento que comprova essa adição de velocidades? Incrivelmente, a resposta é sim! Foi um experimento feito por Fizeau em 1851.

4.1.3 O Experimento de Fizeau

O experimento de Fizeau ocorreu em 1851, antes do advento da Relatividade Restrita. Ele pretendia verificar se a luz seria "arrastada" por um meio, o vidro, por exemplo. Sabia-se que a luz em um meio tem a velocidade menor que c e é dada por $c_{meio} = c/n$. n é chamado índice de refração do meio e é sempre maior que 1. A pergunta de Fizeau era a seguinte: imagine que a luz se propaga dentro de um vidro. Se dermos uma velocidade v para esse vidro, ele "arrasta" a luz junto com ele? É claro que é difícil colocar um vidro pra ser movido com uma velocidade e medir a velocidade da luz dentro dele. O que o Fizeau conseguiu fazer foi construir uma tubulação pela qual passava água. Nesse aparato existem dois espelhos totalmente reflexivos e dois parcialmente reflexivos. Em uma parte do caminho, a luz de uma fonte se move através da água com velocidade v, enquanto que em outra com velocidade $-v$. Esse experimento é bem parecido com o de Michelson-Morley e pode ser visto esquematicamente na Figura 4.2. Fizeau descobriu que, se a água se move com velocidade v, a velocidade da luz nessa água é dada por

$$U = \frac{c}{n} + v\left(1 - \frac{1}{n^2}\right), \quad (4.10)$$

onde n é o índice de refração do meio. Fizeau chamou o termo $(1 - \frac{1}{n^2}) = k$ de coeficiente de arrasto, de forma que

$$U = \frac{c}{n} + vk. \quad (4.11)$$

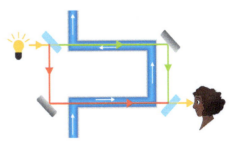

Figura 4.2 – Experimento de Fizeau

Portanto, quanto maior a velocidade v do meio em que a luz se move, maior a velocidade da luz para o referencial S. Na época, esse resultado de Fizeau

Capítulo 4. O Mundo Quadridimensional

gerou uma enorme discussão. Foi somente em 1907 que a Relatividade Restrita foi utilizada para explicar o resultado desse experimento. Podemos considerar um referencial S' que observa a água parada. Nesse referencial a velocidade da luz na água é dada por $u' = \frac{c}{n} < c$. Além disso, temos que notar que a velocidade da água é muito menor que a da luz. Logo, podemos considerar $u'v^2/c^2 = \epsilon \ll 1$ e usar nossa aproximação 2.7, do capítulo 02, para obter

$$u = \frac{u' + v}{1 + \frac{u'v}{c^2}} \approx (u' + v)\left(1 - \frac{u'v}{c^2}\right) = u' - \frac{u'^2v}{c^2} + v - \cancel{\frac{u'v^2}{c^2}}^{\,0}$$

$$\approx u' + v\left(1 - \frac{u'^2}{c^2}\right) = \frac{c}{n} + v\left(1 - \frac{1}{n^2}\right). \tag{4.12}$$

Dessa forma, o experimento de Fizeau pode ser visto como uma comprovação da fórmula de adição de velocidades.

> **Exercício 4.12** Considere um próton com velocidade $0.8c$ e um nêutron com velocidade $-0.4c$. Qual a velocidade do referencial em que as duas partículas possuem a mesma magnitude de velocidade, porém sentidos opostos? ∎

> **Exercício 4.13** Qual o resultado de "somar" $c/2$ três vezes? Ou seja, se considerarmos três referenciais com velocidades relativas $c/2$? Use a Eq. 4.9. ∎

> **Exercício 4.14** Considere três galáxias, A, B e C, que se movem em uma linha reta. Um observador em A mede as velocidades de B e C com velocidade em sentidos opostos e módulo 0.7 c. Qual é a velocidade de C observada em B? ∎

> **Exercício 4.15** Considere o laboratório e um foguete com velocidade v. Existe um terceiro referencial em que o tempo do laboratório e do foguete passam iguais. Esse é o referencial "do meio", que observa tanto o laboratório quanto o foguete com as mesmas velocidades, mas sentidos opostos. Com isso e a soma de velocidades relativística mostre que a velocidade desse referencial é dada por
>
> $$v_{t=t'} = \frac{c^2}{v}\left[1 - \left(1 - \frac{v^2}{c^2}\right)^{1/2}\right].$$
>
> ∎

4.2 Simultaneidade e a Fuga da Millenium Falcon

Em posse das transformações de Lorentz, podemos abordar a relatividade em toda sua "estranheza". Dentre as muitas ideias preconcebidas que tivemos que abandonar até agora, talvez a mais estranha seja a da simultaneidade. Na relatividade, a simultaneidade não é absoluta. Ou seja, se dois eventos acontecem simultaneamente em um referencial, em outro referencial eles não o serão. Vejamos aqui alguns exemplos.

4.2.1 Ao Mesmo Tempo para Quem?

Sempre que alguém disser: " Eita, aconteceu ao mesmo tempo aqui e no Japão", você deve perguntar: "Ao mesmo tempo para quem?". Estranho, hein? Mas suponha que você está em um foguete de comprimento $2L$, exatamente a meio caminho das duas extremidades.

Considere que nas extremidades existem portas com detectores. Ao receber um feixe de luz esses detectores abrem as portas. Então você joga os dois raios de luz, um para o detector da direita e outro para o da esquerda. O tempo, para você, que cada raio irá levar para chegar até as portas é exatamente igual a L/c. Logo, as portas irão se abrir ao mesmo tempo. Isso está representado na Figura 4.3.

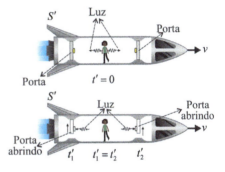

Figura 4.3 – Portas abrindo simultaneamente em S'

O que ocorre para um observador externo que vê você e o foguete se movendo para a direita com velocidade v? Lembre que, pelo segundo postulado, a velocidade da luz é a mesma para os dois referenciais. Portanto, a extremidade da direita "se afasta" do raio de luz que vai para a direita. Já a extremidade da esquerda se aproxima do raio de luz que vai para a esquerda. Consequentemente, este observador irá afirmar que a porta da esquerda abre antes que a porta da direita! Isso está representado na Figura 4.4.

Então vemos intuitivamente que a constância da velocidade da luz implica a não simultaneidade. Todavia, como diria o grande matemático Henri Poincaré:

"É pela lógica que provamos, mas pela intuição que descobrimos. "

Após ter a intuição, precisamos demonstrá-la. Devemos calcular exatamente quanto tempo a porta da esquerda abre antes que a porta da direita. Mão na massa! Primeiramente vamos "refinar" nossa intuição. Considere que o referencial S' seja o parado em relação ao foguete. Para esse observador, teremos 2 eventos. Um acontece em $x'_2 = L_0$ e outro em $x'_1 = -L_0$. E os tempos? O tempo para a luz chegar a duas extremidades é $t'_2 = L_0/c$ e $t'_1 = L_0/c$ e, portanto, $t'_1 = t'_2$. Já para o referencial S vejamos qual serão nossos t_1 e t_2. Para esse referencial, a velocidade do foguete é v para a direita. Lembre que a velocidade da luz é a mesma para os dois referenciais. Assim, para S, a velocidade em que a luz se aproxima da porta direita será $c-v$. Lembre ainda que o comprimento do foguete, para esse referencial, será $2L_0/\gamma$. Em quanto tempo esse raio de luz chega na porta direita?

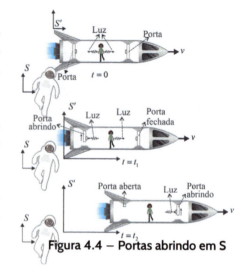

Figura 4.4 – Portas abrindo em S

$$t_2 = \frac{L}{c-v} = \frac{L_0}{\gamma}\frac{1}{(c-v)} = \frac{L_0}{\gamma}\frac{1}{(c-v)}\frac{c+v}{c+v} = \frac{L_0}{\gamma c^2}\frac{c+v}{1-\frac{v^2}{c^2}} = \gamma\frac{L_0}{c^2}(c+v).$$

Já para a porta esquerda temos que a luz se aproxima dela com velocidade $c+v$ e

$$t_1 = \frac{L}{c+v} = \frac{L_0}{\gamma}\frac{1}{(c+v)}.$$

Com a expressão acima é possível obter

Exercício 4.16 **a)** Mostre que $t_1 = \gamma L_0(c-v)/c^2$, **b)** $t_2 - t_1 = 2\gamma v L_0/c^2$.

E se considerarmos velocidades de um trem? Será possível "ver" esse fenômeno acontecendo no cotidiano? Como em todos os fenômenos da relatividade, devemos esperar que, para baixas velocidades, a ausência de simultaneidade deve ser imperceptível. Para ter clareza disso, primeiramente devemos obter uma expressão para baixas velocidades. Nesse caso devemos lembrar que $\gamma \approx 1 + v^2/2c^2$ e obtemos para nosso caso acima $t_2 - t_1 \approx vL_0/c^2 + v^3 L_0/c^4 \approx vL_0/c^2$. Na última igualdade, desconsideramos o termo com $\propto 1/c^4$. E quão pequeno é isso?

4.2 Simultaneidade e a Fuga da Millenium Falcon 119

> **Exercício 4.17** Considere nosso exemplo acima e um trem com comprimento próprio $L_0 = 600$m e velocidade 300m/s. Quão antes a porta da esquerda irá abrir? ▪

No exemplo acima, usamos baixas velocidades e pequenas distâncias. E no caso de viagens interestelares?

4.2.2 R2D2 sabe Relatividade

Considere que, após resgatar a princesa Leia, a tripulação da Millenium Falcon foge a uma velocidade de $0,6c$ em relação à Estrela da Morte. A princesa Leia sabe que a Primeira Ordem possui uma nave que alcança velocidades de $0,8c$ para pegá-los. Do ponto de vista da Milleniun Falcon, qual a velocidade em que a nave da primeira ordem se aproxima?

> **Exercício 4.18** Considerando a subtração de velocidades relativísticas, para a princesa Leia qual velocidade da nave da primeira ordem ? ▪

Para alcançar maiores velocidades eles precisam reabastecer. Eles se dirigem, então, a um planeta rebelde a uma distância de $L_0 = 2 \times 10^{-4}$ anos-luz. Todavia, ao passar próximo a um planeta no meio do caminho, a $L_0 = 10^{-4}$ anos-luz, um espião da Primeira Ordem envia um sinal avisando Grand Moff Tarkin, comandante da Estrela da Morte. O sinal é interceptado por um aliado no planeta, que ao mesmo tempo envia um sinal para os Rebeldes que preparem os combustíveis. Eles avisam à Milleniun Falcon que os sinais devem chegar simultaneamente na Estrela da Morte e nos combustíveis. Han Solo se preocupa se os rebeldes conseguirão o combustível a tempo. Ele, então, faz uma sequência de perguntas a R2D2, responsável pela navegação. Claro, R2D2 deve usar a teoria de Relatividade para responder. R2D2 também entende que todas as perguntas de Han Solo são em relação ao referencial deles. Para saber a resposta, confira os cálculos feitos por R2D2 no diálogo a seguir.

H S: – R2D2, qual a distância da Estrela da Morte até nosso combustível?
R2D2: – $1,6 \times 10^{-4}$ anos-luz.
H S: – Após receber o sinal de luz, em quanto tempo a nave da Primeira Ordem percorre vai da Estrela da Morte até nosso combustível?
R2D2: – Aproximadamente 5h.
H S: – Quanto tempo, após receber o sinal de luz, os rebeldes precisam para preparar nosso combustível?
R2D2: – Exatamente 5 h e 30 min.

Capítulo 4. O Mundo Quadridimensional

Han Solo se desespera. Por meros 30 minutos, a Primeira Ordem deve chegar ao planeta rebelde antes que o combustível esteja pronto. Todavia, não resta outra alternativa e eles decidem arriscar e pegar o combustível mesmo na presença da Primeira Ordem. Ao passar pelo planeta e pegar os combustíveis, a tripulação descobre que a Primeira Ordem ainda não havia chegado. Han Solo comenta com $C3PO$:

H S: – O R2d2 fez cálculos errados.
C3PO: – Acredito que não, senhor.
H S: – Como assim? Ele disse que o tempo de viagem da nave da Primeira ordem duraria 5h para chegar aos rebeldes e que seriam necessárias 5h e 30 min. para prepararem os combustíveis. Todavia, os combustíveis ficaram prontos e a Primeira Ordem não havia chegado.
C3PO: – Eu entendo a lógica do R2D2, e você não perguntou exatamente quanto tempo vocês teriam ao chegar aqui.
H S: – R2D2 o que aconteceu? Por que a Primeira Ordem ainda não havia chegado quando passamos pelos combustíveis? – Pergunta Han Solo sem entender nada.
R2D2: – Para o capitão Tarkin, na Estrela da Morte, os sinais chegaram para ele e no nosso combustível simultaneamente. Todavia, para nós que estávamos na nave, os sinais não chegaram simultaneamente. Nosso sinal pedindo para prepararem os combustíveis chegou antes.
H S: – R2D2, quanto tempo antes nosso sinal chegou aos rebeldes?
R2D2: – Exatamente 67 minutos.
H S: – Estamos alguns minutos à frente deles! Com o novo combustível conseguiremos viajar a $0,9\,c$ e eles nunca nos alcançarão.
C3PO: – Eu disse, senhor, para obter a resposta certa de um androide, você tem que fazer a pergunta certa.

Han Solo, então, lembra que dialogar com uma máquina é sempre bem diferente de dialogar com um humano. Todos comemoram o sucesso da missão e conseguem fugir da Primeira Ordem. Dentro da nave C3PO finaliza:

C3PO: – Tudo graças à relatividade!

Todos dão risadas e, após ouvir a piada de C3PO, Han Solo lembra do teste de Alan Turing e começa a duvidar se o modo de pensar de C3PO e R2D2 é realmente diferente dos humanos.

4.3 "A Fundação" e o Sistema de Posicionamento Via Lácteo

Na série "A Fundação", de Isaac Asimov, Trantor é a capital do Império Galático. É um planeta que possui ciência e tecnologia de ponta e que controla a nossa Galáxia, a Via Láctea. Será que a Terra será um dia como Trantor? Iremos colonizar outros planetas? Vimos na seção anterior como Han Solo e a princesa Leia, por não saberem relatividade, achavam que seriam pegos pela Primeira Ordem. Agora imagine um intenso fluxo de cargueiros, mercadorias e passageiros entre milhares de planetas, cada um com velocidade relativa em relação ao outro. Será necessário mapear o horário de chegada e partida para controlar todo esse fluxo. Portanto, tanto para Trantor como para uma possível colonização da Via Láctea pela Terra, é necessário um sistema semelhante ao GPS, que chamaremos MWPS (*Milk Way Positioning System*) ou Sistema de Posicionamento Via Láctea. Esse sistema deverá mapear os eventos em diversos planetas e calcular tempos de viagem, além de levar em conta as ausências de simultaneidade e todos os efeitos da relatividade. Será possível?

4.3.1 Mapeando a Galáxia

Na seção passada, consideramos somente dois eventos que eram simultâneos em S' e não eram em S. Calculamos a diferença de tempo para esses eventos em S usando raios de luz e contração do espaço. Cada vez que acontecer um fenômeno ou evento na relatividade, teremos que fazer todos esses passos para relacionar os tempos em que eventos ocorrem em S e S'? A resposta é não! Aqui entra a potência das transformações de Lorentz. Agora que já obtivemos nosso resultado sobre simultaneidade de forma mais intuitiva, podemos obtê-lo diretamente das transformações de Lorentz. Vejamos o caso do trem. Os eventos que correspondem às portas da direita e esquerda se abrindo têm coordenadas $x_1' = L_0$, $t_1' = L_0/c$ e $x_2' = -L_0$, $t_2' = L_0/c$, respectivamente. Quais serão nossos t_1, t_2? Basta substituir nas transformações de Lorentz (4.4) e obtemos

$$t_1 = \gamma \left(\frac{L_0}{c} + \frac{v}{c^2} L_0 \right) = \gamma \frac{L_0}{c^2} (c + v) \, , \, t_2 = \gamma \left(\frac{L_0}{c} - \frac{v}{c^2} L_0 \right) = \gamma \frac{L_0}{c^2} (c - v),$$

que são exatamente os resultados corretos. Dos resultados acima, obviamente obtemos a diferença de tempo entre os eventos, e é possível calcularmos corretamente a não simultaneidade. Claro, utilizando as transformações de Lorentz, não conseguimos "visualizar" o que ocorre. Todavia, ganhamos na simplicidade. Isso se torna importante e na verdade necessário para viabilizar uma grande quantidade de cálculos de eventos, como em nosso MWPS.

Considere, então, nosso MWPS, supostamente utilizado por Trantor. Assim como para o GPS, são necessários relógios atômicos em diversos pontos da Via Láctea. Sabendo que os planetas têm velocidade relativas uns em relação aos outros, os cientistas de Trantor sabem que devem considerar efeitos relativísticos. Todavia, vamos considerar um modelo simplificado para facilitar nossos cálculos. Imagine que, além de um satélite em Trantor, seja instalado um satélite em um planeta chamado Hipátia, que se move a $0,6$ c se afastando de Trantor.

Vamos considerar ainda que todos os planetas que queremos mapear os eventos estão na linha que une os dois planetas, que chamaremos nosso eixo x. Esses sistemas devem se comunicar, sobre diversos eventos, como vistos por Trantor e pelo planeta Hipátia. Cargueiros chegando e saindo, naves de passageiros etc. Todos os eventos devem ser controlados por esses dois satélites. Como o planeta Hipátia tem velocidade relativa $0,6$ c e, portanto, $\gamma = 5/4$, os cientistas instalam no programa dos satélites as seguintes transformações de Lorentz:

Figura 4.5 – MWPS

$$x' = \frac{5}{4}(x - 0,6ct), \; t' = \frac{5}{4}\left(t - \frac{0,6}{c}x\right);$$
$$x = \frac{5}{4}(x' + 0,6ct'), \; t = \frac{5}{4}\left(t' + \frac{0,6}{c}x'\right).$$
(4.13)

Considere que nossos dois satélites do MWPS se comunicam sobre 4 eventos. O primeiro evento, para o satélite da Trantor, é uma nave com uma carga de Urânio enriquecido que sai de um dos planetas do Império, que chamaremos planeta #1. A posição desse planeta no momento em que a nave sai é $x_1 = 1$ anos-luz e o tempo Galático de saída é $t_1 = 7$ anos. Vamos chamar esse evento P_1 que, então, tem coordenadas $x_1 = 1$ anos-luz e $t_1 = 7$ anos. Usando as transformações de Lorentz (4.13), esse evento, para o satélite do planeta Hipátia, terá coordenadas

$$x'_1 = \frac{5}{4}(1 \text{ ano} \times c - 0,6c \times 7 \text{ anos}) = -4 \text{ anos-luz},$$
(4.14)

$$t'_1 = \frac{5}{4}\left(7 \text{ ano} - \frac{0,6}{c} \times 1 \text{ ano} \times c\right) = 8 \text{ anos}.$$
(4.15)

Os outros eventos acontecem nos planetas #2, #3 e #4. Chamaremos respectivamente de eventos P_2, P_3 e P_4. Para mapear completamente esse eventos,

4.3 "A Fundação" e o Sistema de Posicionamento Via Lácteo 123

os satélites se comunicam para trocar informações e calcular exatamente as coordenadas para cada um deles.

Exercício 4.19 O satélite do Planeta Hipátia identifica um evento em um planeta do Império e envia para Trantor. Esse evento é rotulado por P_2 e tem coordenadas $x_2' = 2$ anos-luz e $t_2' = 3$. Quais as coordenadas desse evento segundo Trantor?

Exercício 4.20 O satélite do Planeta Hipátia identifica um terceiro evento P_3. Todavia, só consegue a posição dada por $x_3' = -1$ anos-luz e envia para Trantor. Por sua vez, o satélite de Trantor só consegue medir o tempo em que ocorreu esse evento, dado por $t_3 = 8$ anos. Com o programa instalado, os satélites conseguirão mapear esse evento? Encontre as coordenadas para ambos.

Exercício 4.21 Finalmente, os dois satélites identificam o quarto evento P_4, mas ambos somente conseguem as posições. Elas são dadas respectivamente por $x_3 = 4$ anos-luz e $x_3' = -1$ anos-luz. Os satélites conseguirão saber os tempos desses eventos e mapeá-lo? Encontre esses tempo e, portanto, as coordenadas de P_4 para os dois satélites.

Tabela 4.1 – Sistema de Posicionamento da Via Láctea

	Trantor			Planeta Hipátia	
	x (anos-luz)	t (anos)	$\leftrightarrow$	x' (anos-luz)	t' (anos)
P_1	1	7	$\leftrightarrow$	-4	8
P_2	2	3	$\leftrightarrow$	$0,25$	$2,25$
P_3	4	8	$\leftrightarrow$	-1	7
P_4	10	12	$\leftrightarrow$	$3,5$	$7,5$
P_5	11	13	$\leftrightarrow$	4	8

Todavia, o evento P_4 é uma imensa explosão que destrói 1/4 de todo o planeta #4. Isso gera uma grande crise humanitária e diplomática. O governador do planeta #2 se comunica com Trantor e acusa o planeta #1 de ter realizado o ataque. O imperador e os militares de Trantor já começam uma grande campanha contra o planeta rebelde e se preparam para pegar em armas. Convocam, então, os aliados do Planeta Hipátia para a ofensiva e iniciar uma guerra para aniquilar os rebeldes. Será o início da primeira guerra Galática?

4.3.2 Causalidade e a Paz Galática

Depois de uma longa era de paz, acontece uma crise Galática. Os moradores do planeta #2 , que tem uma desconfiança e rivalidade históricas com o planeta #1, os acusam de um ataque terrorista ao planeta #4. Em meio à grande mobilização dos moradores e dos militares, o Imperador ordena a segunda maior potência da Galáxia, o planeta Hipátia, que se unam em um grande ataque ao planeta #1. Todavia, o governador de Hipátia se recusa a participar do ataque. O Imperador Galático fica enfurecido e o convoca imediatamente, juntamente com o governador do planeta #2. Informa que ele deve se explicar pessoalmente ou será preso por desobedecer a ordem do Imperador. O planeta Hipátia é reconhecido como o berço dos maiores matemáticos e físicos do império. O governador de Hipátia se dirige para Trantor e com ele leva um de seus cientistas. Albert Poincaré é reconhecido pelo próprio Hari Seldon como o maior físico e matemático de toda a história da galáxia.

Ao chegar o momento do encontro o Imperador questiona o Governador:

I: – Por qual motivo você se recusa a obedecer minha ordem de ataque?

E o governador de Hipátia responde:

H: – O motivo é simples, não foi o planeta #1 que atacou o planeta #4.

O Imperador responde indignado:

I: – Desconfiar do Imperador é inadmissível. A menos que você consiga provar isso, será imediatamente preso.

O governador não se assusta e afirma:

H: – Trouxe Albert Poincaré para convencer o imperador de minha afirmação.
I: – Posso afirmar que isso será impossível. Como prova, o governador do planeta #2 apresentou o registro, no satélite de Trantor, que no ano 7 uma grande carga de Urânio enriquecido saiu do planeta #1. Cinco anos depois ocorreu uma explosão no planeta #4, que pela magnitude só poderia ter sido causado por tal carga.

Albert Poincaré entra em cena:

A P: – Imperador, gostaria de apresentar aqui os dados do nosso satélite no planeta Hipátia.
I: – E de que adianta isso?
A P: – Você deve recordar que o planeta Hipátia se afasta de Trantor a $0,6\,c$ e, portanto, efeitos relativísticos são relevantes.
I: – A relatividade não pode impedir uma carga de destruir um planeta.– Diz o imperador dando uma leve risada.

4.3 "A Fundação" e o Sistema de Posicionamento Via Lácteo

A P: – Certamente não pode impedir uma explosão, mas pode garantir que a carga que explodiu no planeta #4 não saiu do planeta #1.

I: – Como? Já foi mostrado que a explosão ocorreu DEPOIS que a carga saiu do planeta #1. Logo, nada impede que essa carga tenha causado a explosão.

A P: – Permita-me discordar. Na relatividade, o tempo e, portanto, a simultaneidade, são relativos.

I: – A explosão no planeta #4 ocorreu depois da saída dos explosivos do planeta #1. Mesmo assim você está dizendo que a relatividade pode provar, por $A+B$, que essa carga não chegou até o planeta #4? Só posso achar graça!

A P: – Isso pode ser provado facilmente. Basta que eu apresente os dados do nosso satélite.

I: – Siga em frente!-Autoriza o Imperador.

Os dados são projetados em um holograma tridimensional para que todos possam ver.

A P: – Segundo nosso satélite, que é programado segundo os postulados da relatividade, o evento P_4 acontece antes do evento P_1.

I: – Ora, isso é impossível. Para nosso satélite foi a explosão e, portanto, o evento P_4 que aconteceu depois. Você está querendo me fazer de palhaço, prendam esse homem!

Um funcionário se aproxima do imperador e o alerta que Albert Poincaré ganhou sozinho 4 prêmios Nobeis da Física e 2 medalhas Fields. Que grande parte de toda tecnologia do Império se deve a ele e prendê-lo seria um grande vexame para o Imperador. O imperador, então, se vê em uma saia justa, mas não perde a pose e se vira para o governador do planeta #2 e pergunta:

I: – Você acusou levianamente o planeta #1 de ter feito um ataque terrorista?

O Governador do planeta #2, um pouco abalado, afirma:

#2: – Imperador, acho que houve algum erro de comunicação. Na verdade queríamos dizer que a explosão foi causada pelo planeta #3. Pelos dados expostos é possível ver que, para os dois satélites, a explosão ocorre depois da saída da carga.

O Imperador se sente convencido e se direciona ao Governador de Hipátia:

I: – Agora parece que está tudo claro, vamos atacar os rebeldes do planeta #3!
H: – Me recuso mais uma vez – Responde o governador de Hipátia.

126 **Capítulo 4. O Mundo Quadridimensional**

I: – Se você continuar com essa insubmissão não mandarei pendê-lo, mas decepar sua cabeça!

H: – Acho que você deve ouvir o que Albert Poincaré tem a dizer.

I: – Você não pode mais usar o argumento de que a explosão aconteceu antes da carga sair, como vai provar que a carga não saiu do planeta #3?– Fala o Imperador ao fitar o cientista fixamente.

A P: – Para o referencial de Hipátia, a explosão ocorre depois. Todavia, se eu mostrar que existe um referencial em que a explosão ocorre ao mesmo tempo que a saída da carga, você concorda comigo que seria impossível?

I: – Concordo, afinal seria uma contradição que a explosão ocorra ao mesmo tempo em que a carga saiu de um planeta tão distante.

Albert Poincaré, então, começa a escrever com os dedos no ar que é projetado no imenso holograma. Ele diz para a plateia de militares e políticos:

A P: – Considere um referencial S'' que se mova com v em relação a Trantor. Com isso é possível encontrar as seguintes transformações de Lorentz para os tempos dos eventos P_3 e P_4:

> **Exercício 4.22** Mostre que as transformações de Lorentz encontradas por Albert Poincaré são dadas por
>
> $$t''_3 = \gamma\left(8 - 4\frac{v}{c^2}\right); t''_4 = \gamma\left(12 - 10\frac{v}{c^2}\right). \tag{4.16}$$

Albert Poincaré, então, continua:

A P: – Com essas transformações de Lorentz, podemos igualar os tempos em que os eventos P_3 e P_4 acontecem para o referencial S''. Com isso encontramos a velocidade desse referencial.

> **Exercício 4.23** Mostre que, igualando $t''_3 = t''_4$, a velocidade encontrada por Albert Poincaré é dada por $v = 2c/3$

I: – Certo, mas o que isso implica?

A P: – Que para um referencial com velocidade $v = 2c/3$ os eventos ocorrem simultaneamente.

I: – E esse referencial é permitido?

A P: – Como a relatividade permite velocidades abaixo de c, esse referencial é permitido.

I: – E com qual resultado diríamos que seria impossível?

4.3 "A Fundação" e o Sistema de Posicionamento Via Lácteo 127

A P: – Se ao calcular essa velocidade, encontrássemos uma velocidade maior que a da luz.
I: – Incrível! Então também é impossível que a carga tenha saído do planeta #3!!–Exclama o imperador.
A P: – Certamente, Vossa Majestade Imperial.

O imperador começa a gostar do Cientista e cada vez o respeita mais. Pergunta então:

I: – Se o planeta #3 não foi o responsável pela explosão, quem foi?
A P: – Segundo os dados dos satélites, a única possibilidade seria o evento P_2, que ocorreu no planeta #2.

Nesse momento o governador desse planeta se indigna:

#2: – Imperador, esse homem está a serviço do planeta Hipátia e quer causar divergências entre nós, que somos parceiros e aliados de longa dada.
I: – Albert Poincaré, como poderemos saber se não existe um referencial em que, novamente, os eventos aconteçam ao mesmo tempo e, portanto, não possa existir causalidade?

O governador do planeta #2 vibra e tenta criar celeuma:

#2: – Imperador, ele é um falsário! Prendam esse homem!

Alberto Poincaré, calmamente, fala:

A P: – Imperador, se eu mostrar que existe um referencial em que os eventos acontecem no mesmo ponto, você concorda comigo que é possível que o evento P_4, a explosão, foi causada pelo evento P_2 que ocorreu no planeta #2?
I: – Esse seria o referencial da própria carga?
A P: – Exatamente! Se eu mostrar, portanto, que existe um referencial que acompanha a carga do planeta #02 até o planeta #04 você concorda que o planeta #02 pode ter causado a explosão?
I: – Com certeza!

O governador do planeta #2 fica cada vez mais pálido. Albert Poincaré, mais uma vez, começa a escrever no ar e diz:

A P: – Vamos agora imaginar um referencial S''', de tal forma que os eventos P_2 e P_4 aconteçam na mesma posição.

O Imperador começa a entender a brincadeira e afirma:

I: – Basta mostrar que existe um referencial com velocidade menor do que c.
A P: – Perfeitamente. Sabemos que para o referencial S''' as transformações de Lorentz para as posições nos dão:

128 **Capítulo 4. O Mundo Quadridimensional**

> **Exercício 4.24** Use os dados dos satélites e mostre que as transformações de Lorentz encontradas por Albert Poincaré são dadas por
>
> $$x_2''' = \gamma(v)(2-3v), \; x_4''' = \gamma(v)(10-12v); \tag{4.17}$$

Com as expressões acima e sabendo que para S''' temos $x_2''' = x_4'''$ podemos encontrar a velocidade.

> **Exercício 4.25** Iguale $x_2''' = x_4'''$ nas transformações (4.17) e mostre que a velocidade encontrada por Albert Poincaré é dada por $v = 8c/9$.

I: – Se a velocidade fosse maior do que c, isso significaria que seria impossível. Incrível, Albert!

Poincaré sorri com o tom informal do Imperador.

I: – Essa mesma lógica pode ser usada para os casos dos outros eventos? Ou seja, se eu tentar encontrar um referencial em que os evento P_1 e P_4 aconteçam no mesmo ponto, encontrarei uma velocidade maior que a da luz?
A P: – Certamente, existem vários caminhos para chegar em Trantor.

O imperador dá uma boa risada, o que impressiona todos ao redor, acostumados com sua seriedade. Empolgado, o próprio imperador se levanta e pede para tentar resolver e Poincaré afirma:

A P: – Seria uma honra!

> **Exercício 4.26** Mostre que ao igualar $x_1''' = x_4'''$ e $x_3''' = x_4'''$ o Imperador encontrou velocidades maiores que a da luz.

I: – O inverso também é possível Albert? Ou seja, se eu tentar mostrar que os eventos P_2 e P_4 acontecem simultaneamente vou encontrar uma velocidade maior que a da luz?
A P: – Certamente.

> **Exercício 4.27** Mostre que ao igualar $t_2''' = t_4'''$ o Imperador encontrou uma velocidade maior que a da luz.

I: – Então podemos dizer que dois eventos nunca podem ter relação causal se existe um referencial em que ocorrem ao mesmo tempo? E que podem

4.3 "A Fundação" e o Sistema de Posicionamento Via Lácteo 129

ter relação causal se existir um referencial em que ambos ocorram no mesmo ponto?

A P: – Exatamente! – Albert se impressiona e começa a entender a razão de o imperador ser tão respeitado.

Albert Poincaré transformou a reunião em uma verdadeira aula sobre relatividade e causalidade. O imperador e todos no salão estão claramente empolgados e envolvidos com o rumo que as coisas tomaram. O governador do planeta #2 aproveita para sorrateiramente tentar sair do salão. O imperador percebe e o interpela antes que ele saia:

I: – O que você tem a dizer sobre isso?

E o governador #2, em tom de perceptível desespero, responde:

#2: – Isso não quer dizer nada!

Todavia, todos já começam a desconfiar de que ele possa ter causado a explosão. Alguns já começam a pedir que o prendam. O imperador reluta, pela longa data de parceria, e o governador #2 apela:

#2: – Imperador, até que de fato se encontrem provas irrefutáveis de que a explosão foi causada por mim, peço que me deixe em liberdade. Solicito ainda que essa reunião se encerre imediatamente.

Isso gera um grande rebuliço, pois parecia óbvio para todos que tudo foi uma trama do governador do planeta #2. O imperador fala, relutante:

I: – Não podemos prendê-lo sem mais provas.

Em meio a tantas falas e gritos, ninguém percebe que Albert Poincaré estava com a mão levantada há um certo tempo. Ao perceber, o imperador pede silêncio e pergunta:

I: – Albert, não me diga que você tem algo mais a dizer sobre isso.

Albert, calmamente, fala:

A P: – É possível mostrar que a explosão foi causada pelo evento P_2.

O Governador do planeta #2 olha enfurecido para o cientista. Albert começa novamente a mover as mãos e o silêncio mais uma vez se instala. Todos se sentam e parecem enfeitiçados por aquele velhinho. Ele, então, afirma:

A P: – Gostaria de trazer mais uma vez os dados dos satélites. Passou despercebido por todos o evento P_5.

I: – Qual a relevância desse evento?

A P: – Ele ocorreu um pouco após o evento P_4.

I: – E o evento P_4 pode ter causado o evento P_5? é possível fazer as mesmas considerações anteriores?

A P: – Infelizmente não. Não existe nenhum referencial que veja os dois eventos acontecendo no mesmo ponto, e também não existe nenhum referencial que veja eles acontecendo ao mesmo tempo.

I: – Agora fiquei confuso. Até agora esse foi nosso método para determinar a causalidade. Que eventos estranhos são esses?

A P: – Imagine que existe algo indo do evento P_4 até o evento P_5 e calcule a velocidade.

I: – Em relação a qual satélite? – Pergunta o imperador.

A P: – Nesse caso, você verá que é a mesma.

O imperador estranha bastante, mas novamente vai ao centro do salão e começa a mover as mãos.

> **Exercício 4.28** Use os dados dos dois satélites e mostre que a velocidade, encontrada pelo imperador, entre os eventos P_4 e P_5, é a velocidade da luz c. ∎

A P: – É a velocidade da luz, e é a mesma para os dois referenciais. – Diz o imperador.

A P: – Exatamente, esse é segundo postulado da relatividade. A velocidade da luz deve ser a mesma para todos os referenciais.

I: – Então a explosão enviou um sinal de luz para o planeta #5.

A P: – Exatamente. Se, além desses dois satélites, o imperador usar dados de outros satélites em outros planetas é possível, por triangulação, descobrir que a explosão gerou também uma grande explosão luminosa que se propagou por toda a galáxia.

O governador do planeta #2 se desespera:

#2: – Imperador, isso não prova nada. Todos sabem que o nosso planeta não poderia causar tal explosão. Nós somente produzimos naves para viagens interestelares. Somente o planeta #1 tem grandes reservas de Urânio.

O imperador fica confuso mas, já com grande confiança, pergunta o que acha Albert Poincaré, que responde:

A P: – Vocês não produzem Urânio enriquecido, mas produzem antimatéria que serve de combustível para nossas naves. Como pode ser visto no registo do evento P_2, uma grande carga de antimatéria deixou seu planeta.

Todos no salão estão atentos e o imperador pergunta:

I: – Ainda não entendi, como isso prova seu ponto?

A P: – Ao jogar essa antimatéria no planeta #4, a aniquilação entre matéria e antimatéria gerou a destruição de 1/4 do planeta.

O governador #2 já começa a sentir tonturas. O imperador e todos no salão se levantam de tão empolgante que estava a situação. O governador #2, já trêmulo, tenta uma última cartada em desespero:

#2: – Imperador, é impossível saber que essa luz foi gerada pela minha carga.

A P: – Pela potência da luz que chegou em Hipátia, eu fui capaz de calcular a quantidade de antimatéria necessária. Essa quantidade bate exatamente com a carga que deixou o planeta #2 no ano 3!

Todos se levantam em euforia e aplaudem Albert Poincaré. O imperador manda que o governador do planeta #2 seja imediatamente preso por seus atos. O governador de Hipátia se sente feliz e entendeu que fez a escolha certa ao levar Albert Poincaré para a reunião. O imperador convida ambos para um banquete. No meio do caminho fala sobre nunca imaginar quão excitante é a relatividade, pede algumas aulas para Albert Poincaré e diz para ele:

I: – A relatividade salvou a galáxia de uma guerra!

A P: – Faça ciência, não faça guerra. – Responde Albert Poincaré.

Mais uma vez o Imperador dá uma gargalhada, e todos começam a achar que essa amizade vai longe.

4.4 O Amálgama do Espaço e do Tempo

Nas últimas seções, vimos aspectos um pouco mais abstratos da relatividade, como a ausência de simultaneidade. Apesar disso, vimos que é possível saber se um evento pode causar outro ou não. A causalidade é sempre preservada e, portanto, a cinemática Relativística, como esperado, é consistente. Nessa seção, vamos apresentar ferramentas que simplifiquem esse tipo de análise.

4.4.1 Algo não é Relativo na Relatividade

Bob sai de sua aula e pedala para casa se sentindo ao mesmo tempo atordoado e empolgado. Vai se perguntando: – Como pode o Einstein ter tido a coragem de propor uma teoria tão chocante quanto a relatividade? Depois da dilatação do tempo, da contração do espaço, da equivalência de massa e energia, agora a soma de velocidades e a ausência de simultaneidade! Essa última é de torrar o cérebro. É muito estranho que se possa inverter a ordem temporal de dois eventos. Mesmo que a causalidade seja preservada. A natureza é mesmo muito estranha. Bob fica tão atento a seus pensamentos que de repente quase esbarra com outra ciclista.

Era Alice voltando de seu passeio de bike que diz:

A: – Bob, onde você anda com a cabeça? quase esbarra em mim, mesmo eu dando gritos para você parar.
B: – Valha, eu nem ouvi, realmente estava no mundo da Lua. Mas que bom te encontrar, vou te acompanhar até sua casa.

Os dois partem pedalando juntos e Alice pergunta:

A: – O que te deixou assim? Nunca te vi tão nas nuvens, com essa cara de bobo.
B: – Hoje o professor falou umas coisas muito malucas, que a simultaneidade não é absoluta. Ele inclusive contou como uma guerra intergalática pode ser impedida usando conceitos de simultaneidade!
A: – Ele sempre conta essa história. –Alice comenta sorrindo.
B: – Muito legal, mas é tudo muito confuso.

Nesse momento o sinal fecha, os dois param e Bob comenta:

B: – Nunca vou conseguir entender como se faz física assim. O tempo e o espaço são diferentes para os dois referenciais, até a ordem temporal dos eventos pode mudar.
A: – Isso é verdade, mas se você pensar bem, só a relatividade permite que você faça viagens interestelares, devido à dilatação do tempo.
B: – Sim, no fim foi isso que me atraiu pra relatividade, mesmo com todas as coisas interessantes, como física de partículas. Mas a última aula foi de lascar

4.4 O Amálgama do Espaço e do Tempo 133

o cano. Só para descobrir se um evento pode causar outro ou não, o professor teve que fazer várias contas pois tudo é relativo.

A: – Mas Bob, tem algo que é absoluto. O sinal abre e Alice parte na frente.

Bob pede que ela reduza a velocidade pois ele é mais lento e comenta:

B: – Hã, como assim? Foi Galileu quem achou que as coisas eram absolutas. Até o nome da teoria é "Teoria da Relatividade".

A: – Quando chegar em casa vou te mostrar que tem algo que é sempre igual para os dois referenciais. – Diz Alice sorrindo.

Os dois chegam suados e partem para o quadro. Alice abre o mesmo livro que Bob usa na seção "Mapeando a Galáxia" e comenta:

A: – Bob, veja a tabela 4.1. Vou te mostrar que algo não muda quando você passa do referencial de Trantor para o referencial do planeta Hipátia.

B: – Você está desafiando Einstein!

Alice ri e continua:

A: – Se você notar bem, na seção "Causalidade e Paz Galática da Galáxia", o cientista Albert Poincaré sempre tenta descobrir se um dos evento pode causar outro. Por exemplo, ele mostra que o evento P_1 não pode causar P_4.

Bob se impressiona com o fato de Alice aparentemente saber todos os detalhes do livro e responde:

B: – Sim, ele fez diversas contas diferentes relacionando os eventos. Esse é o exemplo mais claro de como tudo é extremamente relativo. A ordem temporal dos eventos se inverte, portanto um não pode causar o outro.

A: – Calcule a distância e o intervalo de tempo, que chamaremos Δx e Δt, entre os eventos P_1 e P_4. – Alice diz, passando o pincel para Bob.

> **Exercício 4.29** Mostre que os valores encontrados por Bob são $\Delta x = 9$ e $\Delta t = 5$. ∎

B: – Muito simples, e agora?

A: – Calcule a distância e o intervalo de tempo, que chamaremos $\Delta x'$ e $\Delta t'$, entre os eventos P_1 e P_4.

> **Exercício 4.30** Mostre que os valores encontrados por Bob são $\Delta x' = 7,5$ e $\Delta t = -0,5$. ∎

B: – Isso está ficando chato, e não existe nada absoluto ai, Alice! – Comenta Bob ao olhar os resultados.

A: – Calma, isso você está muito apressado. Agora calcule $\Delta x^2 - c^2\Delta t^2$.

> **Exercício 4.31** Mostre que o resultado encontrado por Bob foi $56c^2$.

B: – Alice, vejo somente várias contas aleatórias. – Diz Bob já começando a ficar intrigado.
A: – Nada nessa manga, nada nessa manga. – Ela brinca levantando as mãos.– Como se fosse um truque de mágica.

Bob dá uma gargalhada e Alice continua:

A: – Agora calcule o mesmo para o referencial em Hipátia, ou seja, $\Delta x'^2 - c^2\Delta t'^2$.

> **Exercício 4.32** Mostre que o resultado encontrado por Bob foi $56c^2$.

B: – Deu o mesmo valor que o anterior, $56c^2$?! – Fala Bob surpreso, estranhando o resultado. – Impossível, foi uma coincidência.

Alice sempre acha graça do espanto de Bob quando descobre coisas novas, e diz:

A: – Não é. Repita o mesmo para os eventos P_2 e P_4.

> **Exercício 4.33** Mostre que o resultado encontrado por Bob é $\Delta x'^2 - c^2\Delta t'^2 = \Delta x^2 - c^2\Delta t^2 = -17c^2$.

B: – Alice, tem alguma magia aqui, agora entendi a brincadeira das mangas! – Comenta Bob, ainda sem entender.
A: – Se ETs chegassem na Terra com uma ciência superavançada, para nós pareceria magia. – Alice responde rindo.– Não tem magia alguma, repita para os outros casos. Onde tem padrão, tem ciência! – Alice diz, passando o pincel para Bob.

> **Exercício 4.34** Mostre que os resultados encontrados por Bob são dados pela tabela 4.2.

Bob acha incrível que exista algo absoluto na relatividade e diz:

B– Legal, Alice, mas em que isso me ajuda?
A: – Agora você pode facilmente descobrir sobre causalidade.

4.4 O Amálgama do Espaço e do Tempo

Tabela 4.2 – Invariância entre os eventos

	Trantor			$\leftrightarrow$	Hipátia		
	Δx (anos-luz)	Δt (anos)	$\Delta x^2 - c^2 \Delta t^2$	$\leftrightarrow$	$\Delta x'$ (anos-luz)	$\Delta t'$ (anos)	$\Delta x'^2 - c^2 \Delta t'^2$
P_4 e P_1	9	5	$56c^2$	$\leftrightarrow$	$7,5$	$-0,5$	$56c^2$
P_4 e P_2	8	9	$-17c^2$	$\leftrightarrow$	$3,25$	$5,25$	$-17c^2$
P_4 e P_3	6	4	$20c^2$	$\leftrightarrow$	$4,5$	$0,5$	$20c^2$
P_5 e P_4	1	1	$0c^2$	$\leftrightarrow$	$0,5$	$0,5$	$0c^2$
P_2 e P_1	1	-4	$-15c^2$	$\leftrightarrow$	$4,25$	$5,75$	$-15c^2$

B: – Como?

A: – Note que essa quantidade invariante pode ter sinal positivo, negativo, ou nulo. Se você lembrar bem, Albert Poincaré mostrou que os eventos P_1 e P_3 não poderiam causar P_4.

B: – Sim, me lembro pois acabei de sair da aula.

A: – Ao calcular o invariante acima, quais os sinais deles para os evento P_1 e P_4 e os eventos P_3 e P_4?

B: – Positivo.

A: – Ele também mostra que o evento P_2 pode causar o evento P_4. Qual o sinal do invariante?

B: – Negativo. Então você está sugerindo que sempre que esse invariante é positivo não pode haver causalidade, mas quando é negativo pode haver causalidade?

A: – Quase isso. Tem mais um caso em que pode haver causalidade. Lembre que o evento P_4 foi a explosão e um feixe de luz que chegou até o planeta #5 e causou o evento P_5.

B: – Sim, foi assim que Poincaré descobriu que a explosão foi gerada por antimatéria.

A: – Correto. Nesse caso, qual o valor do invariante entre os eventos P_4 e P_5?

B: – É zero. Espere um pouco, então esse invariante é sempre zero para dois eventos em que sejam a partida e chegada de um raio de luz entre dois pontos?

A: – Isso mesmo! Portanto, sempre que esse invariante é menor ou igual a zero, podemos ter causalidade.

B: – Então se temos os tempos e posições de dois eventos, independentemente do referencial, basta calcular o invariante para saber se existe causalidade?

A: – Isso mesmo, Bob.

B: – De fato, simplifica muito nossa vida. Já estou ansioso pela próxima aula, sobre Relatividade Geral.

A: – Agora que você já entendeu a métrica do espaço de Minkowski, já está pronto para isso.

B – Agora você falou grego pra mim. – Fala Bob com cara de dúvida. – Não sei o que é métrica nem o que é espaço de Minkowski.

A: – Na verdade sim, você só não deu o nome. Antes de conversar sobre isso vou tomar um banho e almoçar.

B: – Eu também, nos vemos daqui a pouco.

4.4.2 A Métrica de Minkowski

Na volta do almoço, Bob, o incansável, retorna para o quarto de Alice.

B: – Aqui estou eu de novo para falar de relatividade.
A: – Vou começar a cobrar pelas aulas. – Brinca Alice.
B: – Vamos trocar pelas aulas de capoeira que te dou. – Bob responde sorrindo.
– Brincadeiras à parte, depois de tanto "relativismo", foi bom encontrar algo absoluto na relatividade.
A: – Esse é somente o começo da brincadeira.

Ela convida Bob para entrar e vão em direção ao quadro branco, na sala, e continua:

A: – Isso está relacionado com a métrica de Minkowski que te falei antes do almoço.
B: – Você estava me devendo essa.
A: – De fato, para entender um pouco sobre métrica, temos que voltar para Galileu. Lá também tínhamos um invariante, que é a distância. Mas é claro, quando falamos de invariante, devemos nos perguntar "Invariante sob que transformações?".
B: – Não entendi.
A: – Você concorda que o comprimento de uma barra é o mesmo, independente de você girar ela? – Diz Alice enquanto desenha a Figura 4.6.
B: – Sim, claro.
A: – Dizemos que o comprimento é um invariante de rotação.

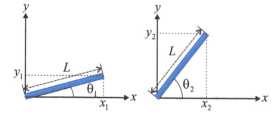

Figura 4.6 – Invariancia do comprimento de uma barra.

B: – E o que tem isso a ver com Relatividade?
A: – Calma. Se você considerar que o comprimento Δd da barra é a hipotenusa de um triângulo retângulo, do teorema de Pitágoras temos que $\Delta d^2 = \Delta x^2 + \Delta y^2$, onde Δx e Δy são as distâncias horizontais e verticais.
B: – Certo, e se girarmos a barra, mudamos as distâncias horizontais e verticais, mas o comprimento da barra é o mesmo.
A: – Como a expressão $\Delta x^2 + \Delta y^2$ nos dá uma distância ao quadrado, dizemos que é nossa métrica.
B: – Ainda não entendi a relevância disso tudo.
A: – Isso é importante tanto pra Relatividade Especial quanto pra Relatividade Geral.
B: – Como?

4.4 O Amálgama do Espaço e do Tempo

A: – Antes do almoço eu mostrei pra você como existe um invariante na relatividade.
B: – É verdade, a gente viu que $\Delta x^2 - c^2 \Delta t^2$ é invariante.
A: – Pois é...pensa um pouco. – Alice sorri enquanto espera.
B: – Você está querendo dizer que $\Delta x^2 - c^2 \Delta t^2$ é uma forma de medir "distância quadrada" no espaço-tempo??
A: – Isso! Veja como é semelhante. As componentes Δx e Δy podem ser diferentes por rotação, mas a distância total é a mesma, é um invariante por **rotação**. Na relatividade, vimos que por transformações de Lorentz Δx e Δt se modificam, mas $\Delta x^2 - c^2 \Delta t^2$ é um invariante.
B: – Que c^2 é esse que apareceu?
A: – Ele aparece se usarmos unidades padrão em vez de anos-luz.
B: – Que coisa curiosa, Alice. Você que descobriu isso?

A: – Claro que não, seu bobo! – Alice diz dando uma bela risada – Foi Hermann Minkowski, um ex-professor de matemática de Einstein. No artigo em que ele descobriu isso, ele define a "métrica" do espaço-tempo por

$$\Delta s^2 = \Delta x^2 - c^2 \Delta t^2. \qquad (4.18)$$

No mesmo artigo, ele escreve:

"Doravante, o espaço por si só, e o tempo por si só, estão condenados a desvanecer-se em meras sombras, e apenas uma espécie de união dos dois preservará uma realidade independente.

B: – De fato é muito semelhante, mas, então, esse invariante da relatividade mistura espaço e tempo?
A: – Sim, por isso Minkowski escreveu a frase acima. Foi a partir dele que começou a se chamar "espaço-tempo".
B: – Mas é muito estranho, Alice.
A: – Você tem razão em achar estranho. O próprio Einstein quando leu o artigo de Minkowski disse:

"Desde que os matemáticos invadiram a teoria da relatividade, eu mesmo não a entendo mais."

B: – Bom, no caso da relatividade, vimos que $\Delta s^2 = \Delta x^2 - c^2 \Delta t^2$ é invariante, mas pode ser positivo, nulo, ou mesmo negativo. Como podemos falar em "intervalo" negativo no "espaço-tempo"?? Eu começo a concordar com Einstein!
A: – O próprio Einstein conseguiria te convencer do contrário?
B: – Claro que sim, mas você já mostrou que viagens para o passado são impossíveis (risos).

A: Engraçadinho. Isso não será necessário. O próprio Einstein, posteriormente, escreveu:

"A generalização da Teoria da Relatividade foi consideravelmente facilitada por Minkowski, um matemático que foi o primeiro a aperceber-se da equivalência formal entre as coordenadas espaciais e a coordenada temporal e que empregou isto na construção da teoria...e que, sem ela, a Teoria Geral da Relatividade talvez não tivesse passado da infância"

B: – Vixe, então parece que a coisa é importante mesmo.
A: – Sim, e sem isso você não vai entender Relatividade Geral.
B: – Então me tira uma dúvida: como pode Δs^2, uma quantidade "ao quadrado", ser negativa?
A: – Esse simbolo "2" em cima do Δs não significa ao quadrado. É somente um símbolo para lembrar que do lado direito temos coisas "ao quadrado".
B: – Hum, ok, mas até agora só verificamos que é um invariante para alguns casos particulares. É possível mostrar de forma geral?
A: – Agora você está falando minha língua. Você pode provar isso. Lembre que no caso anterior, consideremos sempre diferenças entre eventos. Portanto, considere dois referenciais S e S' e dois eventos quaisquer P_1 e P_2.

Exercício 4.35 Defina $\Delta x = x_2 - x_1$, $\Delta x' = x'_2 - x'_1$, $\Delta t = t_2 - t_1$ e $\Delta t' = t'_2 - t'_1$. A partir das transformações de Lorentz, Eq. (4.3), mostre que

$$\Delta x' = \gamma(\Delta x - v\Delta t), \quad \Delta t' = \gamma(\Delta t - \frac{v}{c^2}\Delta x). \qquad (4.19)$$

B: – Alice, então as "diferenças" se transformam como as coordenadas. E o mesmo vale para as transformações inversas?
A: – Com certeza.
B: – E agora faço o que?
A: – Agora você vai mostrar explicitamente a invariância.

Exercício 4.36 Use (4.19) e mostre que $\Delta x'^2 - c^2\Delta t'^2 = \Delta x^2 - c^2\Delta t^2$ e, portanto, $\Delta s'^2 = \Delta s^2$.

4.4 O Amálgama do Espaço e do Tempo

B: – Muito massa, Alice. Então de fato a métrica do espaço-tempo é invariante por transformações de Lorentz. Já me sinto chique falando "métrica do espaço-tempo" (risos).

A: – Pois é, e sem isso Einstein talvez não fosse mais longe, como ele mesmo admitiu.

4.4.3 Intervalo de Espaço, Tempo e Luz

Bob já se sente cansado, mas continua:

B: – Ainda não entendo muito bem o que significa Δs^2.

A: – Não somos nenhum Einstein, nem Minkowski, mas podemos entender alguns aspectos.

B: – Nós encontramos, para alguns eventos, que nos casos em que $\Delta s^2 \leq 0$ eles poderiam ser causais, já $\Delta s^2 <> 0$ não poderiam. Todavia, não mostramos que isso vale para quaisquer eventos.

A: – Isso é verdade, pois faça isso agora. – Diz Alice passando o pincel para Bob.

> **Exercício 4.37** a) Considere os eventos P_1 e P_2 com coordenadas (x_1, t_1) e (x_2, t_2), respectivamente. Mostre que: **a)** $\Delta s^2 < 0 \rightarrow \Delta x / \Delta t < c$ **b)** $\Delta s^2 = 0 \rightarrow \Delta x / \Delta t = c$
> **c)** $\Delta s^2 > 0 \rightarrow \Delta x / \Delta t > c$. ∎

B: – Estranho, no item **c)** acima encontramos $\Delta x / \Delta t > c$. Uma velocidade maior que c?

A: – Não, pelo contrário, o resultado diz que o evento P_1 só pode causar o evento P_2 se tiver uma velocidade maior que a da luz.

B: – Então por esse raciocínio se $\Delta s^2 = 0$ significa que P_1 só pode causar o evento P_2 se for a luz?

A: – Sim.

B: – Entendi, quando $\Delta s^2 < 0$ P_1 quer dizer que podemos ter uma partícula indo de P_1 até P_2 com velocidade menor que c.

A: – Exatamente, mas não esqueça que só por que "pode" não quer dizer que isso ocorre. Esses dois eventos podem ser coisas bem arbitrárias, como um martelo batendo em uma mesa e posteriormente uma bola caindo no chão.

B: – Basta calcular Δs^2 relacionado a esses eventos. Se for positivo, então a martelada PODE ter causado de a bola cair no chão, mas não implica isso.

A: Exato, já no caso $\Delta s^2 > 0$, é impossível haver causalidade, pois seria necessário algo indo mais rápido que a luz da martelada até a queda da bola.

B: – Estou começando a me habituar com esse invariante. – Diz Bob, feliz por estar entendendo. – Então acabamos de mostrar o que antes parecia uma coincidência.

A: – Onde tem padrão...

B: – Tem ciência! Interessante, então o sinal de Δs^2 é bastante importante.

A: – Tão importante que damos nomes para cada caso. Quando $\Delta s^2 > 0$ dizemos que é um intervalo do tipo espaço, quando $\Delta s^2 = 0$ dizemos que é do tipo luz, e quando $\Delta s^2 < 0$ dizemos que é do tipo tempo.

B: – Você sabe o motivo desses nomes, Alice? Por que chamamos intervalo do tipo espaço quando $\Delta s^2 > 0$?

A: – Claro que sim. Lembre que por não ser causal, temos um referencial em que os eventos acontecem simultaneamente $\Delta t' = 0$.

B: – Não mostramos isso para o caso geral. Posso tentar mostrar?

A: – Claro que sim.– Alice passa o pincel para Bob.

> **Exercício 4.38** Considere dois eventos P_1 e P_2. Use $\Delta t' = 0$ na transformação de Lorentz (4.19) e mostre que a velocidade v do referencial é dada por $v = c^2/(\Delta x/\Delta t)$. ∎

A: – E esse resultado implica que esse referencial existe? – Alice tenta colocar Bob na parede.

B: – Sim, pois para intervalos tipo espaço vimos acima que $\Delta x/\Delta t > c$. Obtemos

> **Exercício 4.39** Considere $\Delta x/\Delta t > c$ e $v = c^2/(\Delta x/\Delta t)$. Mostre que isso implica $v < c$. ∎

A: – Muito bom, Bob, estou vendo que daqui a pouco você não vai mais precisar das minhas aulas.

Bob dá um sorriso desajeitado e diz:

B: – Voltando, qual a consequência disso para o intervalo do tipo espaço?

A: – Ora, se você tem um referencial em que $\Delta t' = 0$, então $\Delta s^2 = \Delta x^2$.

B: – Mas sempre que medimos duas posições simultaneamente, dizemos que isso é o comprimento próprio.

A: – Exatamente.

B: – Então sempre que eu calcular Δs^2 e for positivo, o valor de Δs^2 será automaticamente o comprimento próprio daquele intervalo!

A: – Por esse motivo chamamos de "intervalo do tipo espaço". Sempre existe um referencial que, para esses eventos, o intervalo se reduza a um comprimento espacial.

4.4 O Amálgama do Espaço e do Tempo

B: – Que legal, esse Minkowski se garantiu! Existe algo parecido para o tempo? Alice passa o pincel para Bob e pede:

> **Exercício 4.40** Considere que $\Delta s^2 < 0$. Use $\Delta x' = 0$ na transformação de Lorentz (4.19 e mostre que $v = \Delta x/\Delta t$. Mostre que isso implica $v < c$.

B: – Isso implica que existe um referencial em que os dois eventos ocorrem no mesmo ponto.
A: – Sim, logo, nesse caso temos $\Delta s^2 = -\Delta t^2$.
B: – Mas esse é o tempo próprio, medido pelo referencial parado em relação aos dois eventos. Foi o argumento usado por Albert Poincaré.
A: – Sim, agora nós acabamos de mostrar o caso geral. Se $\Delta s^2 < 0$, temos que $|\Delta s|$ sempre será o tempo próprio.
B: – E por isso se chama intervalo do tipo tempo. O caso da luz é bem óbvio.
A: – Lembra dos decaimentos? Dá pra aplicar nesses casos.

> **Exercício 4.41** Em um referencial S com sistema de coordenadas (x, ct), os eventos $A = (30000, 0)$ e $B = (20000, 10010)$ fazem parte da trajetória de um múon μ^- gerado a $30km$ de altitude com uma velocidade $v = 0.85c$. Explique por que é possível obter um referencial no qual a partícula está em repouso utilizando o intervalo espaço-temporal Δs^2 e em seguida calcule o tempo próprio da partícula entre A e B.

> **Exercício 4.42** Em um referencial S com sistema de coordenadas (x, ct), os eventos $A = (30000, 0)$ e $B = (25000, 10000)$ fazem parte da trajetória de um kaon K^+ gerado a $30km$ de altitude com uma velocidade $v = 0,9999999917c$. Explique por que é possível obter um referencial no qual a partícula está em repouso utilizando o intervalo espaço-temporal Δs^2 e em seguida calcule o tempo próprio da partícula entre A e B.

B: – No início da conversa você falou em Relatividade Geral. O que a métrica de Minkowski tem a ver com ela?
A: – Bob, vamos deixar pra depois. Já está chegando a hora do nosso filme no cinema e ainda temos que pedalar até o Dragão do mar. Temos um pequeno intervalo para chegar lá.

B: – Intervalo de tempo ou de espaço? – Bob brinca.

A: – Engraçadinho, a relatividade pode impedir uma guerra galática, mas se a gente perder esse filme por sua causa ela não vai me impedir de te matar!

Os dois gargalham e partem pedalando. Bob por duas vezes quase passa sinais vermelhos pensando nos intervalos do tipo tempo e espaço e Alice diz:

A: – Bob, você não precisa ser astronauta para viver no mundo da Lua.

Relatividade Geral

5 O Eclipse que Revelou o Universo . . 145

5.1 Caio, Logo Existo 145
5.2 A Dilatação Gravitacional do Tempo 155
5.3 A Curvatura da Luz 162
5.4 Sobral, a Janela do Universo 169

6 O Santo Graal da Física 177

6.1 Ao Infinito e Além 177
6.2 A Equação de Einstein 182
6.3 Física de Buracos Negros 186
6.4 Duas Nuvens no Céu da Física 197

5. O Eclipse que Revelou o Universo

Nos últimos capítulos, estudamos a Relatividade Restrita, como o tempo e o espaço dependem dos referenciais e como matéria e energia são quase sinônimos. Tudo isso foi descoberto pro Einstein em 1905. A partir de então, ele passou a refletir sobre a gravidade e seus efeitos. Mais uma vez, ele resgata Galileu e Newton e a partir deles elabora o princípio da equivalência em 1907. Veremos como Einstein usou esse princípio para, ainda em 1907, obter a dilatação gravitacional do tempo e a curvatura da luz. Somente em 1911 ele aplicou esses resultados para obter a curvatura da luz pelo Sol. Precisaremos, portanto, retornar ao século XVI mais uma vez para entender as origens da Relatividade Geral.

5.1 Caio, Logo Existo

No CAPÍTULO 1, vimos como Galileu usou o plano inclinado para descobrir que a trajetória de qualquer objeto caindo sob efeito da gravidade é dada por

$$y = 4,9t^2. \tag{5.1}$$

Nesta seção veremos que esse simples resultado tem consequências profundas.

5.1.1 Objetos Diferentes, Movimentos Iguais?

O que significa uma trajetória dada por $y = 4,9t^2$? O leitor mais atento irá lembrar que a equação horária da posição para um movimento de aceleração constante (Movimento Uniformemente Variado-MUV) é dada por

$$y = y_0 + v_0 t + \frac{1}{2}at^2. \tag{5.2}$$

Nessa equação y_0, v_0 são a posição e velocidade iniciais e a é a aceleração. Comparando (5.2) com (5.1), vemos que a trajetória de Galileu é o caso particular $y_0 = 0, v_0 = 0$. Por comparação também vemos que a aceleração é dada por $a/2 = 4,9\text{m/s}^2 \rightarrow a = 9,8\text{m/s}^2 \equiv g$. Dessa forma, Galileu descobriu que a aceleração da gravidade é constante e dada por $g = 9,8\text{m/s}^2$.

> **Exercício 5.1** A velocidade em um MUV é dada por $v = v_0 + at$. **a)** Dessa equação mostre que $t = (v - v_0)/a$. **b)** Substitua esse resultado em (5.2) para obter a equação de Torricelli:
>
> $$v^2 = v_0^2 + 2a\Delta y, \quad \Delta y \equiv y - y_0. \tag{5.3}$$

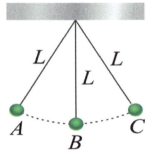

De fato, Galileu não encontrou o valor de $9,8\text{m/s}^2$ para a aceleração da gravidade. Apesar de descobrir que deveria ser uma aceleração constante, ele encontrou um valor de aproximadamente 4 m/s^2! O problema é que ele utilizou relógios de água, que são bastante imprecisos. Era, portanto, necessário melhorar a precisão na medida do tempo. Em sua genialidade, Galileu observou que as oscilações de um pêndulo são independentes da amplitude e satisfazem $T^2 \propto L$. Ele chegou a essas conclusões ao observar que um lustre na igreja sempre oscilava com o mesmo tempo, embora a amplitude da oscilação diminuísse. Ao chegar em casa, fez experimentos com o relógio de água e constatou que o tempo de oscilação ao quadrado, T^2, era proporcional ao comprimento do pêndulo L. Galileu concluiu erroneamente que isso seria válido para qualquer amplitude. Na verdade, para amplitudes mais altas isto deixa de ser válido.

Um pêndulo, portanto, pode ser usado como um relógio! Curiosamente, não foi Galileu quem inventou o relógio de pêndulo. Huygens, ao ter notícia da descoberta de Galileu, foi quem construiu o primeiro relógio de pêndulo, que tem uma precisão muito melhor que o relógio de água. Já o primeiro a utilizar o relógio de pêndulo para medir a aceleração gravitacional no plano inclinado foi Mersenne, que obteve um valor de 8m/s^2. Mersenne também descobriu que, para grandes amplitudes, o período se modifica. Logo em seguida, Huygens observou que ao aumentar o nú-

5.1 Caio, Logo Existo

mero de medidas em um experimento, a precisão do valor medido será melhor e assim encontrou um valor entre 9 e 10. Esbarrou na medida tempo, ainda faltava um grau mais elevado de precisão. Para isso, Huygens tentou entender qual a relação exata entre a amplitude e o período do pêndulo. Trinta e um anos depois de Galileu, ele mostrou matematicamente que, para pequenas oscilações do pêndulo, o período é dado por

$$T = 2\pi\sqrt{\frac{L}{g}} \rightarrow g = \frac{4\pi^2 L}{T^2} \tag{5.4}$$

Ele achou fascinante que o período dependa diretamente da aceleração da gravidade. Logo, mais do que um relógio, o pêndulo pode ser usado para medir a própria aceleração da gravidade. Basta medir o comprimento L e o período T. Ele, então, construiu um pêndulo de $15,7$cm e observou 4.464 oscilações, totalizando aproximadamente uma hora. Encontrou assim uma aceleração de aproximadamente $9,5$ m/s^2.

> **Exercício 5.2** Qual o comprimento de um pêndulo para que o período de uma oscilação seja exatamente 1 s? ∎

> **Exercício 5.3** Improvise um pêndulo em casa e o coloque para oscilar a partir de uma pequena distância. Com um relógio, meça o tempo de 20 oscilações. Divida o tempo encontrado por 20 para obter o tempo de uma oscilação. Repita esse procedimento pelo menos 10 vezes e faça uma média dos tempos. Use a Eq. (5.4) e encontre g. Está próximo do valor de Huygens? ∎

Além de descobrir a aceleração constante, Galileu testou ainda se ela dependeria de qual corpo é solto. Descobriu o fato chocante que, ao se desprezar a resistência do ar, todos os corpos caem com a mesma aceleração. Isso é bastante esquisito. Uma pena cai com a mesma aceleração de uma bala de canhão. Qual a consequência de a aceleração de todos os corpos ser a mesma? Newton deu um primeiro passo para compreender as implicações desse fato. Posteriormente, Einstein o utilizou para fundar a Relatividade Geral.

5.1.2 Newton e o Foguete de Einstein

Após começar a entender Relatividade Restrita, Bob ficou um pouco confuso sobre a necessidade de estudar a queda dos corpos. Alice havia emprestado um livro do Dirac sobre Relatividade Geral e ele não estava compreendendo absolutamente nada. Utilizava cálculo, geometria diferencial e outras ferramentas matemáticas que ele não sabia. O sábado chegava ao fim e já estava quase desistindo. De repente, ele ouve alguém bater na porta e pensa que Alice havia voltado mais cedo de sua viagem. Já feliz com a possibilidade de aprender com sua melhor amiga, ele abre a porta e leva um susto de quase cair para trás. Era ninguém menos que o próprio Albert Einstein. Bob ficou sem fôlego, sem entender nada do que estava acontecendo. Teria Einstein errado de caminho e, em vez da festa de Hawking, foi bater em sua casa? Einstein pediu para entrar e prontamente falou:

E: – Estou a caminho de Sobral, onde foi comprovada a Relatividade Geral. A viagem continua em algumas horas e resolvi dar uma volta por Fortaleza. Ouvi falar dessa garota, Alice, e vim conhecê-la.
B: – Ela... está viajando... e ainda não retornou. – Responde Bob, gaguejando.

Einstein diz que irá aguardar enquanto descansa. Todavia, ao olhar para a lousa de Bob, vê alguns rascunhos sobre a Relatividade Geral e comenta:

E: – Fico feliz em ver um garoto tão jovem como você estudando Relatividade Geral.

Bob ainda sem entender o que acontece, não deixa de responder seu ídolo:
B: – Sim, estou tentando compreender, mas as ferramentas matemáticas são muito avançadas, terei que esperar até entrar na faculdade.
E: – Acredito que não. Deixe-me contar essa história. Em 1907, dois anos após a Relatividade Restrita, eu tive *o pensamento mais feliz da minha vida*[7]. Imagine um foguete e que, dentro dele, eu estou em cima de uma balança e observo uma bolinha suspensa por uma corda no teto, semelhante a um pêndulo. Vamos considerar dois casos: **a)** O foguete parado na superfície da Terra e **b)** O foguete no espaço vazio com aceleração constante. De dentro da nave eu me comunico com você, que me observa fora da nave, e faço uma série de perguntas. Qual a tensão na corda? Qual a marcação da balança? Para respondê-las, precisaremos utilizar as leis de Newton.
B: – Desculpe, mas eu ainda não estudei as Leis de Newton. Meu professor deve iniciar isso mês que vem.
E: – Sem problema, eu adoro falar de Newton. *Em minha opinião, os maiores gênios criativos são Galileu e Newton, os quais eu considero, de certa forma, como partes de uma unidade. E, nesta unidade, Newton é aquele que realizou o mais imponente feito no domínio da ciência. Os dois foram os primeiros a criar um*

---
[7]Em todo esse capítulo as partes em itálico nas falas de Einstein são textos dele próprio, retiradas das Ref. [8,9].

sistema da Mecânica, fundamentado em poucas leis e dando uma teoria geral dos movimentos, que representa, em sua totalidade, os acontecimentos de nosso mundo.

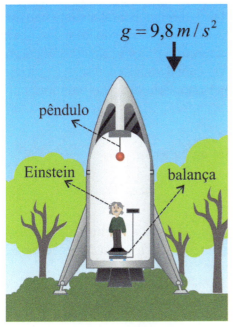
(a) Campo gravitacional

(b) Referencial acelerado

Figura 5.1 – Princípio da Equivalência

Bob está completamente extasiado, tendo uma aula de um dos maiores gênios da história da humanidade. Einstein continua:

E: – As leis de Newton foram uma síntese do que vinha sendo construído por Galileu, Huygens e outros. Por exemplo, a primeira lei de Newton nada mais é do que uma reafirmação do princípio da inércia de Galileu. – Einstein comenta, enquanto vai até a lousa. Escreve.

1ª. Lei de Newton: *Todo corpo continua em seu estado de repouso ou de movimento uniforme em uma linha reta, a menos que seja forçado a mudar aquele estado por forças aplicadas sobre ele.*

E: – Importante ressaltar que foi Huygens quem descobriu, estudando colisões, que a quantidade que caracteriza o movimento é o momento $p = m \times v$. Um corpo com massa m maior tem uma maior "quantidade de movimento". Qual a consequência disso? Que é mais "difícil" dar uma mesma velocidade v a um corpo de massa m maior. Podemos notar isso no nosso cotidiano, quando tentamos empurrar corpos de massa maior.

B: – Eu lembro dessa lei no estudo de Relatividade Restrita. Vi como era impossível determinar o estado absoluto de movimento e como qualquer referencial com velocidade constante deve descrever a leis da física da mesma forma.

E: – Muito bem. Uma das coisas que refleti entre 1905 e 1907 foi: Por que os referenciais de velocidade constante são especiais? Terei mais a falar sobre isso mais à frente. Agora vejamos a segunda lei de Newton. Em posse do fato, descoberto por Huygens, de que a quantidade de movimento é $p = mv$, Newton se perguntou: o que pode fazer essa quantidade mudar com o tempo? Ou seja, o que pode causar a mudança $\Delta p / \Delta t$? Ele propôs que isso seria causado pela força aplicada:

2ª. lei de Newton:

$$\vec{F} = \frac{\Delta \vec{p}}{\Delta t}. \qquad (5.5)$$

B: – Pera lá, mas a fórmula que eu vi no meu livro de física do ensino médio é $F = ma$.

E: – Mas essa é a forma correta da segunda lei. Obter a forma usual é simples.

Einstein passa o pincel para Bob e pede que vá à lousa. Ele já começa a aceitar e se empolgar com a situação.

> **Exercício 5.4** Considere que a massa é constante. Mostre que $\Delta p = m \Delta v$. Com isso obtenha a forma usual dos livros de ensino médio:
>
> $$F = \frac{\Delta p}{\Delta t} = m \frac{\Delta v}{\Delta t} = ma. \qquad (5.6)$$

Bob resolve, devolve o pincel, e Einstein continua:

E: – Vejo que você tem habilidades matemáticas. O lado esquerdo da equação é a causa do movimento, a força aplicada. Já o lado direito é a consequência, ou seja, a alteração da quantidade de movimento que é dada por ma. Voltemos para nosso experimento mental. Iremos considerar 5 casos. O primeiro chamaremos de **A**.

5.1 Caio, Logo Existo

Einstein faz, então, uma sequência de perguntas a Bob:

> **Exercício 5.5** Para o foguete no espaço, considere que a tensão na corda seja constante e de 29,4 N. **a)** Se a bolinha possuir $m = 3,0$ kg, qual será sua aceleração? **b)** Qual a aceleração do foguete?

> **Exercício 5.6** E para o foguete parado na superfície da Terra? Se a bolinha possui massa $m = 3,0$ kg, qual será a tensão na corda?

E: – Exatamente como eu esperava! Vejamos o experimento mental **B**.

> **Exercício 5.7** Considere que o foguete no espaço possui uma aceleração de $9,8$m/s^2. Qual será a tensão na corda se $m = 4$ kg?

> **Exercício 5.8** E para o foguete parado na Terra? Considere que $m = 4$ kg. Qual será a tensão na corda? A mesma tensão de novo?

E: – Vamos fazer um caso um pouco mais elaborado, para ver se continua dando o mesmo valor, que chamaremos de **C**.

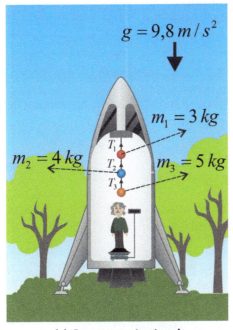 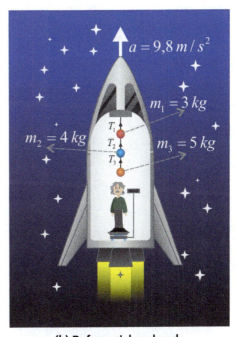

(a) Campo gravacional   (b) Referencial acelerado

Figura 5.2 – Princípio da Equivalência

Capítulo 5. O Eclipse que Revelou o Universo

> **Exercício 5.9** Para o foguete no espaço, considere que tenhamos 3 bolinhas, cada uma presa na outra por cordas, e presas no teto, como na Figura 5.2. De cima para baixo elas possuem massas 3,4 e 5kg, respectivamente. Se o foguete possui aceleração $9,8$m/s^2, quais serão as tensões nas 3 cordas? ∎

> **Exercício 5.10** Considere agora o foguete na superfície da Terra para o caso acima. Quais serão as tensões nas 3 cordas? ∎

E: – Novamente deu igual. – Diz Einstein, dando uma pausa. – Agora, vamos para nosso último experimento, mas antes disso precisaremos da terceira lei de Newton.

3ª. lei de Newton: *"A toda ação há sempre uma reação oposta e de igual intensidade: as ações mútuas de dois corpos um sobre o outro são sempre iguais e dirigidas em sentidos opostos"*

B: – Essa lei é realmente necessária? Parece que a segunda é a mais importante.
E: – Claro que é necessária, você irá aplicá-la agora para considerar o experimento mental **D**. Agora queremos saber a marcação da balança em que eu estou em cima. Pegue o pincel, agora é com você.

> **Exercício 5.11** Considere que minha massa seja 71 kg e o foguete esteja pousado na Terra. A balança faz uma força em mim para cima, que chamamos normal N. Esse é o valor que é marcado no mostrador da balança. Use a 2^a e a 3ª lei para mostrar que $N = 695,8$ N. ∎

> **Exercício 5.12** Considere agora que o foguete esteja viajando no vácuo com aceleração $9,8$m/s^2. Use a 2^a e a 3ª lei para mostrar que a marcação da balança é $N = 695,8$ N. ∎

Einstein, então, exclama:

E: – Novamente igual! Você vê que existe um padrão aí? Onde tem padrão, tem ciência! Finalmente vejamos nosso último experimento, que chamaremos **E**.

> **Exercício 5.13** Considere agora que nosso foguete está na superfície da Terra, mas em queda livre. Qual a tensão na corda? Qual a marcação da balança? ∎

E: – Muito bem, você encontrou os resultados corretos. A marcação da balança e a tensão são iguais a zero. Foram esses experimentos mentais que me levaram à Relatividade Geral. Agora preciso ir ao banheiro.

5.1 Caio, Logo Existo

Enquanto aguarda, Bob fica bastante reflexivo. Como ninguém notou esses fatos tão simples por quase 300 anos?

5.1.3 A Gravidade sempre ganha

Einstein volta do banheiro e Bob comenta:

B: – Einstein, existe uma coisa estranha que eu percebi agora. De acordo com a 2ª lei temos que a aceleração de um corpo é dada por $a = F/m$.

Einstein concorda e Bob continua:

B: – Portanto, para a mesma força, quanto maior a massa, menor deveria ser a aceleração de um corpo.
E: – Exato. Quanto maior a inércia de um corpo, mais ele resiste à mudança de movimento, como vimos antes. Já vejo onde quer chegar.
B: – Ora, como pode, então, Galileu ter encontrado que a aceleração dos objetos pela gravidade é a mesma??
E: – Bingo! Para o caso da gravidade, quanto mais você aumenta a massa, a força também aumenta!
B: – Mas isso é muito estranho! Foi o que você comentou sobre a primeira lei. Se eu tento empurrar um objeto de massa duas vezes maior, com a mesma força, a aceleração é duas vezes menor. Para a gravidade isso não ocorre? A força da gravidade aumenta na quantidade exata que aumentamos a massa?
E: – Sim, Bob, é muito estranho. Imagine um objeto caindo sob efeito da gravidade. Se você dobrar sua inércia, na esperança de diminuir a aceleração, você irá perder. A gravidade irá atraí-lo com o dobro de força de tal forma que a aceleração seja exatamente igual. Podemos dizer que a gravidade sempre ganha.
B: – Que coisa, a gravidade é realmente muito esquisita.
E: – Não se assuste, o próprio Newton achava o mesmo. Ele considerou dois tipos de massa para um mesmo objeto. A massa inercial m_I, que mede a inércia, entra do lado direito da 2ª lei, que fica dada por $F = m_I a$. A massa gravitacional m_g diz respeito à força gravitacional, o peso, que ele escreveu $P = m_g \times g$ e entra do lado esquerdo da 2ª lei. A massa gravitacional seria a característica que faria a Terra puxar de forma diferente uma bola de canhão ou uma pena. Ao aplicar a 2ª lei de Newton para o peso, ou seja $F = P$, das duas expressões acima obtemos $m_g g = m_I a$. O fato de a aceleração ser sempre $a = g$, implica que $m_g = m_I$ e, logo, $P = m_I \times g$.
B: – Deixa eu entender. $P = m_I \times g$ nos diz que quanto maior for m_I, e, portanto, a capacidade de um corpo em resistir ao movimento (inércia), maior vai ser a força que a Terra irá atraí-lo? Tenho que repetir: Estranho!

E: – Lembre que o plano inclinado de Galileu é uma prova experimental de que $m_g = m_I$. Todavia, isso é tão estranho que o próprio Newton bolou um outro jeito de testar experimentalmente. Para isso, ele considerou primeiramente que $m_g \neq m_I$. Assim, a aceleração de um objeto na superfície da Terra deve ser modificada para $a = m_g g/m_I$. Com isso o período de um pêndulo se modifica. Pegue o pincel e me mostre como.

> **Exercício 5.14** Faça a substituição $g \to m_g g/m_I$ em (5.4) e obtenha o resultado de Newton
>
> $$T = 2\pi\sqrt{\frac{L}{\frac{m_g}{m_I}g}}. \qquad (5.7)$$

Após encontrar o resultado, Bob devolve o pincel a Einstein, que continua:

E: – Medindo precisamente o período do pêndulo para corpos com massas diferentes, Newton pretendia encontrar a relação m_g/m_I. Após muitas medidas ele encontrou que $m_g = m_I$ com uma precisão de 10^{-3}.

B: – Que incrível! Os professores do Ensino Médio deveriam falar sobre isso! Mostra como os resultados encontrados por Galileu e Newton cerca de 400 anos atrás eram tão importantes.

E: É como eu sempre digo: – *Afortunado Newton, feliz infância da ciência!*

B: – Sim, e nos mostra também como experimentos tão simples quanto o plano inclinado e o pêndulo podem ter consequências tão profundas.

Einstein improvisa um pêndulo com um barbante e pede a Bob: – Sugiro que você repita o experimento de Newton:

> **Exercício 5.15** Verifique experimentalmente que $m_I = m_g$. Para isso, use pêndulos com diversas massas diferentes e verifique que o período não se modifica. Faça como antes, considerando 10 repetições com 20 oscilações. ∎

E: – *Portanto, o fato experimental de mesma queda para todos os corpos pode, no espírito da mecânica newtoniana, ser vista como a igualdade das massas gravitacional e inercial, que do ponto de vista da mecânica newtoniana não é de modo algum autoevidente. Este teorema tem sido confirmado com precisão extraordinária pelos testes de Eötvös.* Isso não ocorre, por exemplo, para a força elétrica. A aceleração nesse caso depende da carga de cada corpo.

5.2 A Dilatação Gravitacional do Tempo

Einstein, então, conclui:

E: – Descartes, ao se questionar sobre tudo que existe, chegou à conclusão de que a única coisa indubitável é que pensamos. Com isso chegou à famosa frase: "Penso, logo existo". Nesta seção descobrimos que uma frase melhor talvez seja: "Caio, logo existo.[8]" Agora podemos partir para o princípio da equivalência e depois o motivo de minha viagem: Sobral.

B: – Alice não pode perder isso. – Diz Bob ao lembrar de sua amiga Alice.– Me espere um minuto que vou chamá-la.

E: – Um minuto no referencial de quem? – Brinca Einstein.

Bob dá uma gargalhada e vai às pressas chamar sua amiga.

5.2   A Dilatação Gravitacional do Tempo

Bob chega ao quarto de Alice e não a encontra. Ele imagina como ela ficaria feliz, mas volta às pressas para sua conversa com Einstein, que prometera explicar o princípio da equivalência.

5.2.1   O Princípio da Equivalência de Einstein

Ao chegar ao quarto, Bob encontra Einstein olhando pela janela e diz:

B: – Einstein, no caminho para chamar Alice eu fiquei com outra dúvida. Por que você começou a refletir sobre gravitação? Qual a relação disso com a relatividade?

E: – Para compreender isso, primeiramente vamos analisar a 2ª lei de Newton à luz da relatividade Galileana. Considere um referencial S, parado na superfície da Terra, que observa um objeto caindo sob a ação da gravidade. Da 2ª lei para a gravidade temos que $F = P$, onde P é o peso. Considere, então, o referencial S', com velocidade v contante, que observa o mesmo fenômeno. Chame de F' a força observada por ele. Como P é uma constante, temos $P' = P$, e devemos necessariamente ter $F' = P' = P = F$.

B: – Mas, de fato, $F' = F$? Ou seja, $m'a' = ma$?

E: – Acho que você já consegue mostrar isso:

---

[8]Frase atribuída ao físico brasileiro Mario Novello.

> **Exercício 5.16** Considere um objeto com velocidades u e u' em relação aos referenciais S e S'. A velocidade entre os referenciais é constante e dada por v. Das transformações de Galileuno, capítulo 01, vimos que $u' = u-v$; $t = t'$.
> **a)** Mostre que $\Delta u' = \Delta u$. **b)** Use o item **a)** e mostre que $a' = a$. ∎

B: – Isso implica que essa lei passa pela navalha de Galileu? Ou seja, respeita o princípio da relatividade de que as leis da física devem ser as mesmas em todos os referenciais inerciais?
E: – Vejo que você tem a mente afiada! Como a massa m de um objeto também é um invariante, temos que $m' = m$ e isso implica que $F' = ma' = ma = F$. Ou seja, $F' = F$ e a 2ª lei de Newton da gravitação é a mesma para dois referenciais inerciais. Certamente, Newton propôs essa lei levando isso em conta.
B: – E na relatividade restrita?
E: – Observe que, acima, para mostrar que $F = F'$, uma das propriedades utilizadas foi $\Delta t' = \Delta t$. Todavia, isso não é mais válido para a relatividade especial e, portanto, $F' \neq F$. Isso nos leva a uma contradição, já que $P = P'$ é uma constante.
B: – Meu deus! Então a gravitação de Newton deve ser modificada?
E: – Sim, e minha admiração por Newton é tamanha que certa vez eu disse: *Newton, perdoa-me; descobriste o único caminho que na tua época era possível para um homem com os mais elevados padrões de pensamento e criatividade. Os conceitos que criaste guiam ainda hoje o nosso pensamento em física. Sabemos, no entanto, que tem de ser substituído por outros, mais afastados da esfera da experiência imediata, se aspiramos a uma compreensão mais profunda das relações.*

B: – Só você para ter essa coragem. A tarefa não deve ter sido fácil.
E: – Eu precisei de 8 anos para terminá-la.
B: – E qual foi o momento decisivo? Qual foi o pensamento mais feliz de sua vida?
E: – Lembra do foguete e dos cinco experimentos mentais que você me ajudou a resolver anteriormente? E que no caso **E**, de queda livre, você encontrou que a marcação da balança e a tensão eram nulas?
B: – Claro que sim.
E: – Em 1907 eu *estava sentado numa cadeira na repartição de patentes em Berna quando de súbito me ocorreu um pensamento: se uma pessoa cai livremente, não sente o próprio peso. Fiquei abismado. Este simples pensamento provocou-me uma impressão profunda. Impeliu-me para a teoria da gravitação.*
B: – Sim, faz todo sentido. Mas qual a relação disso com a relatividade?

5.2 A Dilatação Gravitacional do Tempo

E: – O observador acima não sentir o próprio peso e a tensão ser nula indicam que a aceleração da gravidade não existe para ele. Portanto, *se o observador deixar cair alguns corpos, estes permanecerão em repouso ou com movimento uniforme, independentemente das suas naturezas químicas ou física (nestas considerações, a resistência do ar é, claro, ignorada). O observador tem todo o direito de interpretar seu estado como de repouso.*

E: – Além disso, você deve lembrar dos primeiros quatro experimentos mentais.
– Einstein continua: – Em todos os casos, o foguete parado na Terra se comportou exatamente igual a um foguete no vácuo, mas com uma aceleração igual à da gravidade. E foi assim que, em 1907, eu enunciei o **Princípio da Equivalência**: Um campo gravitacional é equivalente a um referencial acelerado.

B: – Então é possível considerar referenciais acelerados, basta que para isso adicionemos um campo gravitacional em sentido contrário! Você tinha razão que eu poderia entender. Me parece que o princípio acima é válido para o caso Newtoniano ou estou enganado?

E: – Você está corretíssimo. *Um homem em queda não sente o próprio peso porque em seu referencial há um novo campo gravitacional que cancela o campo gravitacional devido à Terra. No referencial acelerado, precisamos de um novo campo gravitacional.* Você pode resolver problemas Newtonianos usando isso.

5.2.2 Massa, só tem uma!

Após enunciar o princípio da equivalência, Einstein vai à lousa e desenha a Figura 5.3. Ele passa o pincel a Bob e faz as perguntas:

> **Exercício 5.17** Considere um pêndulo no teto de um foguete na superfície da Terra e que ele possui aceleração a, como na Figura 5.3. Use a 2ª de Newton e o princípio da equivalência para encontrar o ângulo que um pêndulo faz com a vertical. ∎

> **Exercício 5.18** Considere novamente o caso da Figura 5.3, e imagine uma criança segurando um balão de hélio por um fio. Use o princípio da equivalência e diga se o balão irá pender para a frente ou para a traseira do trem. ∎

B: – Muito massa. Existe mais alguma consequência direta do princípio da equivalência?
E: – Massa gravitacional ou massa inercial?
– Brinca Einstein, sorrindo. – Brincadeira à parte, existe sim, com ele é possível mostrar $m_I = m_g$.

Figura 5.3 – Pêndulo de Einstein

B: – Sério? Isso seria incrível. Você inverteu o raciocínio e usou o princípio para explicar um fato experimental!

E: – Exatamente. E vou deixar para você essa prova. Para isso voltaremos para a 2ª lei de Newton. – Einstein aponta para a Figura 5.1, desenhada na lousa, e passa o pincel para Bob.

> **Exercício 5.19 a)** Considere que o foguete está parado na superfície da Terra e que a bolinha tem massa gravitacional m_g. Encontre uma expressão para a tensão T_g. **b)** Considere que o foguete está no vácuo, com aceleração g, e que a bolinha tem massa inercial m_I. Encontre uma expressão para a tensão T_I. **c)** Pelo princípio da equivalência, as duas situações dos itens anteriores devem ser idênticas e $T_g = T_I$. Use esse fato para mostrar que $m_I = m_g$. ∎

B: – Então podemos dizer que, além de mãe, massa só tem uma!

Einstein dá uma gargalhada, Bob se espanta em como seu ídolo tem senso de humor. Einstein continua:

E: – Também é possível mostrar o resultado do pêndulo de Newton:

> **Exercício 5.20** Considere o foguete no espaço e que a bolinha comece a oscilar como um pêndulo. O período depende somente da aceleração a e é dada por (5.4). Já na superfície da Terra o período é dado por (5.7). Use o princípio da equivalência para mostrar que $m_I = m_g$. ∎

B: – A conclusão final é que, com o princípio da equivalência, é possível considerar referenciais acelerados na relatividade?

E: – Sim. Note ainda que o movimento idêntico de diferentes objetos, sob ação da gravidade, nos lembra muito à propriedade dos referenciais S e S'. Imagine que eles possuam velocidade relativa v. Se temos vários objetos parados em S, para S' todos terão a mesma velocidade $-v$. Imagine agora que S' tenha uma aceleração a? É obvio que, se os objetos estão parados em S, o referencial S' verá a todos eles com a mesma aceleração $-a$. Claro, isso será independentemente das propriedades de cada objeto. "De fato", eles estão parados, quem acelera é o referencial. Esse comportamento é o mesmo dos objetos que caem em um campo gravitacional. Isso reforça o princípio da equivalência, que *generaliza o princípio da relatividade ao caso de um referencial com movimento uniformemente acelerado... Assim como não é possível falar de velocidade absoluta na relatividade usual, tampouco é possível falar aqui de uma aceleração absoluta.*

B: – Agora entendo a história que Alice me contou, de um antigo professor de relatividade do departamento de física da UFC. Segundo o professor Júlio Alto,

5.2 A Dilatação Gravitacional do Tempo

Einstein somente adicionou a expressão "ou não" no princípio da relatividade especial, que fica:
"As leis da física são as mesmas para todos os referenciais inerciais, **ou não**".
E: – Certamente foi um grande professor!

5.2.3 Dilatação Gravitacional do Tempo e o Desvio para o Vermelho

B: – Einstein, vimos como você chegou ao princípio da equivalência e como inserir referenciais acelerados. Todavia, ainda não explicou quais os efeitos disso na relatividade restrita.
E: – Em 1907 eu usei o efeito Doppler relativístico, a mecânica quântica e o princípio da equivalência para descobrir as primeiras consequências.
B: – Eu não sei de nada disso, talvez seja melhor eu desistir.
E: – Deixe-me pensar em uma forma mais simples.

Após algum tempo pensando, Einstein vê, na lousa de Bob, a fórmula de Torricelli e continua[9]:
E: – Tive uma ideia! Considere novamente nosso foguete no espaço, com aceleração a. Eu e Alice estamos dentro do foguete, nas extremidades, e você fora. Cada um de nós está com um relógio. – diz Einstein, enquanto desenha a Figura 5.4 na lousa.

(a) Einstein e Bob comparam relógios   (b) Alice e Bob comparam relógios

Figura 5.4 – Comparando relógios acelerados

---
[9]De fato, essa prova se deve a Chandrasekhar em 1968 [10].

B: – Se a Alice estivesse em um foguete com você, certamente não ficaria na outra extremidade! Iria ao seu encontro para falar de física!

E: – Eu também adoraria falar de física com essa garota prodígio– responde Einstein, rindo da brincadeira, e continua – Digamos que, quando eu passo por você, minha velocidade seja v_E, como na Figura 5.4a. Quando a Alice passa por você, devido à aceleração, a velocidade dela é v_A, como na Figura 5.4b. No momento em que eu passo por você, para baixas velocidades nossos relógios se atrasam de acordo com

$$T_E = T_B \frac{1}{\sqrt{1 - \frac{v_E^2}{c^2}}} \approx T_B \left(1 + \frac{1}{2}\frac{v_E^2}{c^2}\right). \tag{5.8}$$

B: – Eu mostrei esse resultado quando estudei relatividade restrita. Mas tem algo estranho. Lá, essa expressão só pode ser usada para referenciais inerciais, com velocidade constante.

E: – Parece que a Alice tem te ensinado bem! – brinca Einstein, e continua: – Para que possamos usar a expressão acima, o tempo T_B, que você mede no seu relógio, deve ser bem pequeno. Isso garante que minha velocidade seja praticamente constante.

B: – Entendi, então seria algo bem rápido. Eu inicio e paro meu cronômetro, enquanto você passa por mim. Isso seria o T_B. E quando Alice passa por mim?

E: – Imagine que você faça o mesmo: Inicie e pare seu cronômetro pelo mesmo tempo T_B enquanto ela passa por você.

B: – Certo! – diz Bob, enquanto vai para a lousa.– Nesse caso, como a velocidade da Alice é v_A, teremos:

$$T_A \approx T_B \left(1 + \frac{1}{2}\frac{v_A^2}{c^2}\right). \tag{5.9}$$

E: – Exatamente. O interessante é que, com as duas expressões acima, podemos comparar o meu relógio com o de Alice.– diz Einstein, e pede a Bob:

> **Exercício 5.21 a)** Divida (5.9) por (5.8) e use as aproximações usuais para obter
>
> $$T_A \approx T_E \left(1 + \frac{1}{2}\frac{v_A^2 - v_E^2}{c^2}\right). \tag{5.10}$$

5.2 A Dilatação Gravitacional do Tempo 161

b) Use $v_0 = v_E$, $v = v_A$ e $\Delta s = h$ na fórmula de Torricelli (5.3), substitua em (5.10) e obtenha

$$T_A - T_E = \frac{ah}{c^2} T_E. \tag{5.11}$$

B: – Legal, então agora podemos comparar o tempo de dois relógios que tenham a mesma aceleração a. Mas o que a gravidade tem a ver com isso?

E: – É aí que entra o princípio da equivalência. Um referencial acelerado corresponde a um campo gravitacional, imitando-o perfeitamente bem e, portanto,

$$T_A - T_E = \frac{gh}{c^2} T_E. \tag{5.12}$$

B: – Então um relógio na superfície da Terra se atrasa em relação a um relógio a uma altura h ?? Isso é chocante!

E: – Agora você entende por que eu chamei essa a ideia mais feliz da minha vida. Em 1907 eu cheguei à dilatação gravitacional do tempo. O tempo depende não somente dos referenciais, mas também da gravidade.

B: – E esse atraso é mensurável? Você conseguiu alguma consequência experimental desse fato?

E: – Podemos fazer um cálculo simples dessa dilatação.

Exercício 5.22 Use $h = 10$ km e mostre que $gh/c^2 = 1,1 \times 10^{-12}$.

B: – Medir esse atraso era impossível em 1907, mesmo que T seja muito grande. Você vislumbrou algo mais?

E: – Sim, você deve ter estudado que a frequência de uma onda é dada por $f = 1/T$, onde T é o período para um ciclo. Logo, a frequência de um sinal de luz que é emitido em um campo gravitacional deve se modificar.

Exercício 5.23 Use $f = 1/T$ e a expressão (5.12) para mostrar que

$$\frac{\Delta f}{f} = \frac{gh}{c^2}. \tag{5.13}$$

B: – Eu não estudei ondas mas dá para ter uma breve compreensão.

E: – É bastante simples, se a frequência muda, a cor também deve mudar. Portanto, todas as cores devem mudar sob efeito da gravitação, e temos um desvio para o vermelho.

B: – Nossa, quantas consequências profundas você encontrou já em 1907.

E: – Este é somente o começo. Eu encontrei também que a luz se encurva devido à gravidade.
B: – Você deve estar de brincadeira, sr. Einstein!

5.3 A Curvatura da Luz

Bob fica tão impressionado com a possibilidade de a gravidade encurvar a luz que se senta em uma cadeira. Olha para Einstein e por um instante fica mais uma vez se perguntando que maluquice é essa que ocorre. É interrompido por Einstein, que continua sua explicação.

5.3.1 1907: A Curvatura da Luz na Terra

Einstein continua sua explicação de mais uma consequência do princípio da equivalência.

E: – Imagine novamente nosso foguete no espaço e que dentro dele eu observo um raio de luz que parte de uma extremidade à outra. Se não houvesse aceleração, eu somente veria o raio de luz indo em linha reta. Todavia, se o foguete acelera para cima, o raio de luz faz uma curva. – Einstein comenta enquanto vai à lousa e desenha a Figura 5.5.
E: – Pelo princípio da equivalência, o mesmo deve ocorrer em um campo gravitacional.
B: – E é possível calcular quanto ela se curva?
E: – Sim, vejamos como. Volte para a equação (5.12) e a escreva como

Figura 5.5 – Curvatura da luz

$$T = T_0\left(1 + \frac{gh}{c^2}\right). \qquad (5.14)$$

Agora imagine que a luz percorra uma distância L. De acordo com o referencial na superfície da Terra, ela terá velocidade $c_1 = L/T$. Já para um referencial a uma altura h ela terá velocidade $c_2 = L/T_0$. – Fala Einstein passando o pincel para Bob.

5.3 A Curvatura da Luz

Exercício 5.24 Utilizando as expressões acima para c_1, c_2 e (5.14), mostre que

$$c_2 = c_1\left(1 + \frac{gh}{c^2}\right) \tag{5.15}$$

Após Bob finalizar, ele conclui:

E: – Descobrimos, portanto, que, *nessa teoria, o princípio da constância da velocidade da luz não se aplica do mesmo modo que na...teoria da relatividade usual.*
B: – Então a velocidade da luz também não é mais constante? Olha, esse princípio da equivalência foi mais longe do que eu imaginava. Não acredito que Alice está perdendo tudo isso.
E: – Agora, podemos utilizar a equação (5.15) para calcular quanto se modifica a velocidade da luz devido a um campo gravitacional. Para isso note que

$$c_1 - c_2 \equiv \Delta c = \frac{ghc_2}{c^2}. \tag{5.16}$$

B: – E como isso nos ajuda com a curvatura?
E: – Volte agora para a Figura 5.5. A luz sai da extremidade esquerda horizontalmente, mas ao chegar à extremidade direita ela ganhou uma componente de velocidade na direção y, que chamaremos c_{y_f}. Assim, o ângulo em que ela se curvou é dado por $\theta = c_{y_f}/c_x$.
B: – Agora entendo onde você quer chegar.
E: – De acordo com nossa expressão (5.16) $\Delta c_y = c_{y_f}$, vamos fazer algumas aproximações. A velocidade c_{y_f} é extremamente pequena. Podemos considerar, portanto, que a velocidade na horizontal não se modifica, sendo $c_x \approx c$. Podemos pensar o mesmo sobre c_2, que é a velocidade da luz na extremidade direita. Com essas aproximações, obtemos

$$\theta = \frac{c_{y_f}}{c_x} = \frac{\Delta c}{c} = \frac{gh}{c^2}. \tag{5.17}$$

B: – Isso é inacreditável, e tudo somente usando o princípio da equivalência! Todavia, todos esses efeito dependiam de gh/c^2 e não eram mensuráveis. Isso deve ter sido bastante frustrante. Você desistiu dessa abordagem?
E: – Eu a deixei um pouco de lado e somente voltei a ela em 1911.

5.3.2 1911: A curvatura da Luz pelo Sol

Parece que Einstein havia chegado a um impasse em 1907. Apesar de descobrir o princípio da equivalência e algumas consequências para a relatividade, nenhuma delas era mensurável à época. Bob, então, pergunta:

B: – E o que aconteceu em 1911?
E: – Eu descobri uma consequência mensurável para a curvatura da luz. No resumo do meu artigo de 1911 eu escrevi: *"Agora vejo que uma das consequências mais importantes do meu tratamento anterior pode ser testada experimentalmente. Pois decorre da teoria a ser apresentada aqui que os raios de luz que passam perto do Sol são desviados por seu campo gravitacional."*
B: – Entendi, então o experimento deveria ser astronômico, e não na superfície da Terra. Mas pera lá, as expressões que você me mostrou anteriormente valem somente para um campo gravitacional constante. Um raio de luz que passa perto do Sol e depois se distancia experimenta uma aceleração constante?
E: – Bingo! Precisamos considerar campos não uniformes em todas as expressões anteriores.

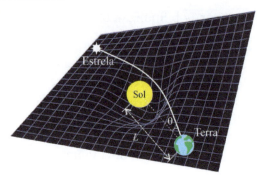

Figura 5.6 – Curvatura da luz pelo Sol

B: – Agora lascou, eu mal estudei as leis de Newton.
E: – Não se preocupe, vamos pegar um pequeno atalho. Só precisamos entender o que significa gh nas nossas fórmulas e o que deve mudar para um campo não uniforme. Para isso, devemos usar a conservação de energia em um campo gravitacional constante

$$E = \frac{1}{2}mv_2^2 + mgy_2 = \frac{1}{2}mv_1^2 + mgh_1, \qquad (5.18)$$

onde v_1, v_2 são as velocidade nas alturas y_1, y_2, respectivamente.

B: – Eu me lembro que Huygens utilizou a conservação de $mv^2/2$ para resolver o problema das colisões.
E: – Exato, esse termo é chamado de energia cinética e é sempre conservada para o caso livre, como nas colisões. Todavia, essa conservação pode ser generalizada para o caso em que exista aceleração.

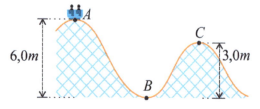

B: – Então para o caso gravitacional ainda temos uma quantidade conservada, mas devemos adicionar mgy?
E: – Exato, $U = gy$ é chamado de potencial gravitacional e a expressão (5.18) é uma constante de movimento. Muitos problemas da mecânica podem ser resolvidos com esse teorema. Considere, por exemplo, uma montanha-russa e um carrinho com 500 kg. Ele é abandonado do repouso de um ponto A, que

5.3 A Curvatura da Luz

está a 6,0 metros de altura. Ignore o atrito e a resistência do ar, considere que $g = 10 \ m/s^2$ e calcule:

> **Exercício 5.25** **a)** O valor da velocidade do carrinho no ponto B; **b)** a energia cinética do carrinho no ponto C, que está a 4,0 m de altura. ∎

B: – Interessante, depois vou estudar com mais calma a conservação de energia. Mas como isso nos ajuda no nosso problema?
E: – Ora, vou deixar a conclusão com você.

> **Exercício 5.26** Considere $h = y_2 - y_1$ e mostre que $gh = \Delta U$. ∎

B: – Então todos os resultados dependem da diferença de potencial!
E: – Exatamente, sabendo a diferença de potencial, temos

$$\frac{\Delta T}{T} = \frac{\Delta U}{c^2}, \frac{\Delta f}{f} = \frac{\Delta U}{c^2}, \frac{\Delta c}{c} = \frac{\Delta U}{c^2}. \tag{5.19}$$

B: – E você descobriu isso somente em 1911?
E: – Na verdade eu já havia encontrado (5.19) em 1907. O que eu não havia me atentado era para o fato de que a comprovação experimental deveria ser astronômica. E foi em 1911 que eu considerei o potencial gravitacional para o caso de um corpo esférico como o Sol. Nesse caso, temos

$$U = -\frac{MG}{r}. \tag{5.20}$$

Na expressão acima, M é a massa do Sol, r é a distância a partir do centro e $G = 6,6743 \times 10^{-11} \mathrm{m}^3\mathrm{kg}^{-1}\mathrm{s}^{-2}$ é a constante da gravitação universal. Claro, a expressão acima é valida para qualquer corpo esférico.

B: – E a conservação de energia continua válida?
E: – Sim. A conservação de energia é um dos princípios mais bem estabelecidos da física. No caso de um campo não homogêneo temos

$$E = \frac{1}{2}mv^2 - \frac{mMG}{r}. \tag{5.21}$$

B: – Essa expressão faz sentido. Se o objeto estiver muito longe da Terra, lá no infinito, é como se a Terra não existisse e $U = 0$.
E: – Inclusive você pode calcular qual a velocidade de escape. Ou seja, a velocidade que uma bolinha deve ter na superfície da Terra para que chegue em repouso lá no infinito. – Diz Einstein passando o pincel para Bob.

Exercício 5.27 Considere que um objeto parte da superfície da Terra $r = R_T$, com velocidade v. **a)** Se ela chega em repouso no infinito mostre que $E_{r=\infty} = 0$.
b) Use conservação de energia $E_{r=R_T} = E_{r=\infty}$ e mostre que $v_e = \sqrt{2GM/R_T}$.
c) Considere que $M_T = 5,972 \times 10^{24}$kg e $R_T = 6.371$km e encontre $v_e = 40.270$ Km/h. **d)** Mostre que para o caso do Sol, com $M_S = 2 \times 10^{30}$ kg e $R_S = 7 \times 10^8$m temos $v_e = 617,5$ km/s.

Bob resolve o problema proposto por Einstein, mas não devolve o pincel. Ele está bastante empolgado, aponta para algumas equações na lousa e comenta:

B: – Certo, já estou entendendo. Devemos utilizar (5.20) na expressão (5.19) para obter

$$\theta = \frac{\Delta U}{c^2} = \frac{1}{c^2}\left(\frac{GM}{r_1} - \frac{GM}{r_2}\right).$$

E: – Você deve estar aprendendo bastante com a Alice. Isso foi exatamente o que eu fiz em 1911.
B: – E a deflexão da luz pelo Sol? Que valores devemos usar para r_1 e r_2?

Einstein pede o pincel a Bob, começa a desenhar uma figura e comenta.

Figura 5.7 – Deflexão

E: – Considere a Figura 5.7. Ela lembra um pouco nossa Figura 5.5. Note que a luz passa horizontalmente no ponto de maior proximidade do Sol. Podemos considerar que ela passa bastante próxima e $r_1 = R_S$. Já para r_2 podemos considerar que a Terra está bastante longe do Sol e $U_2 = GM/r_2 = 0$.
B: – Portanto, é possível determinar o ângulo que é dado por $\theta = GM/(Rc^2)$!
E: – Exatamente, todavia, note que esse é somente o desvio entre o Sol e a Terra. Pela figura, podemos ver que da Terra para a estrela existe o mesmo desvio e, logo, $\theta = 2GM/(Rc^2)$.

Einstein passa o pincel para Bob e pede que calcule o valor de θ.

Exercício 5.28 Use os valores dados anteriormente para encontrar $\theta = 4 \times 10^{-6}$.

E: – Assim, *um raio de luz que passasse junto do Sol sofreria assim uma deflexão de* $4 \times 10^{-6} = 0,83$ *segundos de arco.*

5.3 A Curvatura da Luz

Sabendo da importância desse resultado, na conclusão do meu artigo do 1911 eu escrevo: *Seria de extrema conveniência que os astrônomos se ocupassem da questão que aqui foi esboçada, ainda que ela se apresente insuficientemente fundamentada com os raciocínios anteriores, ou até inteiramente aventurosa. Porque, independentemente de qualquer teoria, levanta-se a questão de saber se os meios de que atualmente se dispõe são capazes de registrar uma influência dos campos de gravidade sobre a propagação da luz.*

5.3.3 O Erro de Einstein

Parece para Bob que a criatividade do seu ídolo não tem fim. Ao ouvir Einstein falando sobre o chamado que fez aos astrônomos, ele comenta.

B: – Isso é tão excitante que mal consigo expressar minha empolgação! Os astrônomos mediram esse desvio?
E: – Meus resultados foram recebidos pela comunidade com certa indiferença. Mesmo assim, já em 1912, eu consegui o apoio de Erwin Freundlich do Observatório de Berlin. Ele escreveu para Perrine, do Observatório de Cordoba na Argentina. Na carta ele pergunta sobre a possibilidade de uma expedição ao Brasil para medir o desvio da luz em um eclipse total em outubro daquele ano.
B: – Aqui no Brasil?
E: – Sim, todavia, a expedição não teve sucesso devido às fortes chuvas. O próximo eclipse total seria em 1914 e Freundlich foi à Crimeia para mais uma vez testar o desvio. Dessa vez, eu mesmo consegui alguns fundos para financiar essa expedição.
B: – Finalmente deu certo?
E: – Não, a I Guerra Mundial teve início e toda a equipe foi detida pelos Russos. Eles achavam que os equipamentos eram de espionagem. O próximo eclipse seria somente em 1919.
B: – Nossa, que maluquice! E o que você fez durante esse tempo todo?
E: – Eu descobri que meu resultado estava errado.
B: – Errado? Impossível, você me explicou tudo.
E: – Sim, eu expliquei. Todavia, ao encontrar as equações finais da relatividade Geral, eu descobri que, além do tempo, o espaço também se modifica devido à gravitação.

B: – Minha nossa, pelo que li do livro de Dirac, não compreenderei o resultado correto tão cedo.

Einstein entende o desespero de Bob e para um pouco para pensar. Caminha até a varanda para refletir. Depois de alguns minutos ele retorna e Bob pergunta:

B: – Vou entender o fim dessa história ou terei que esperar até a faculdade?
E: – Descobri uma forma de você entender o resultado correto. – Fala Einstein com um leve sorriso.– Para encontrar os efeitos da gravitação sobre o tempo, nós utilizamos nosso resultado da Relatividade Restrita. Todavia, também sabemos da Relatividade Restrita que o espaço se contrai por $L = L_0/\gamma$. Sabendo desse fato, deixarei você mostrar o efeito da gravidade.

Einstein passa o pincel para Bob. Ele que não se sente confiante o bastante, mas não quer decepcionar seu ídolo. Conseguiria ele encontrar um efeito que Einstein obteve somente anos depois de 1911? Einstein, então, pede:

> **Exercício 5.29** Lembre que $1/\gamma = \sqrt{1 - v^2/c^2}$ e mostre que
>
> $$L \approx L_0 \left(1 - \frac{v^2}{2c^2} \right)$$

B: – Esse passo eu consegui, e agora?
E: – Agora basta usar o princípio da equivalência para obter

$$L = L_0 \left(1 - \frac{hg}{c^2} \right)$$

B: – Esse resultado é quase idêntico ao do tempo, mas com o sinal trocado! Entendi tudo, agora basta lembrar que $gh = \Delta U$ e obter

$$L = L_0 \left(1 - \frac{\Delta U}{c^2} \right). \tag{5.22}$$

Com isso, a gravidade também curva o espaço! Mesmo com tudo isso estavam ignorando seus resultados?

E: – Muito bem, Bob! Nesse momento, muitos já estavam acreditando na minha nova teoria da gravitação. Todavia, faltam alguns passos para obter o resultado correto para a deflexão.
B: – Vamos! – Responde Bob, agora mais confiante.
E: – Para encontrar a deflexão devido ao tempo, lembre que definimos $c_1 = L/T$ e $c_2 = L/T_0$ e utilizamos 5.14 para obter (5.15). Todavia, como o espaço também se modifica, devemos na verdade utilizar $c_1 = L/T$ e $c_2 = L_0/T_0$. Faça isso para encontrar o Δc correto.

5.4 Sobral, a Janela do Universo

Exercício 5.30 Defina $c_1 = L/T$ e $c_2 = L_0/T_0$ e utilize as expressões 5.14 e 5.22. Mostre que:

$$c_2 = c_1 \frac{1 + \frac{\Delta U}{c^2}}{1 - \frac{\Delta U}{c^2}}.$$

Exercício 5.31 Use as aproximações usuais e encontre

$$c_2 \approx c_1 \left(1 + \frac{\Delta U}{c^2}\right)^2 \approx c_1 \left(1 + 2\frac{\Delta U}{c^2}\right) \rightarrow \frac{\Delta c}{c} \approx 2\frac{\Delta U}{c^2}.$$

B: – Então quer dizer que única diferença é um fator de 2 no desvio? E isso foi medido?

E: – Sim! No eclipse de 1919 duas expedições lideradas por Dyson-Eddington foram enviadas, uma para Sobral e outra para a ilha de Príncipe para medir o desvio. As melhores fotografias foram as de Sobral. *A questão que minha mente formulou foi respondida pelo radiante céu do Brasil.*

5.4 Sobral, a Janela do Universo

Bob saiu para preparar um pouco de café e na volta continua sua conversa com Einstein. Agora já entende seu motivo da viagem a Sobral. Na volta ele continua sua conversa.

5.4.1 O Eclipse que Iluminou a Ciência

B: – E o qual foi o resultado?

E: – Eu recebi um telegrama de Lorentz, dizendo que o valor encontrado em Sobral foi $1,98$ e o da Ilha de Príncipe foi $1,6$ segundos de arco.

B: – Que maravilha, isto é quase igual ao resultado que você calculou.

E: – *Eu sabia que a teoria estava correta. Você duvidava?*

B: – Claro que não, mas o que você diria se não houvesse a confirmação?

E: – *Nesse caso eu teria pena do pobre Deus. A teoria está mesmo certa.*[10]

---

[10]Estes quatro últimos diálogos foram de fato com o filósofo Ilse Rosenthal, que estava com Einstein no momento em que ele recebeu o telegrama de Lorentz.

B: – Estou sem palavras. Você revolucionou as noções de espaço e tempo e descobriu uma consequência experimental para comprovar isso. E ela foi confirmada quase exatamente.

E: – Sim, isso me aproximou da mente de Deus. *Eu quero saber como Deus criou este mundo. Eu não estou interessado neste ou naquele fenômeno, no espectro deste ou daquele elemento. Eu quero conhecer seus pensamentos; o resto são apenas detalhes.*

B: – Agora entendo toda sua fama.

E: – Isso me lembra de um encontro que tive certa vez com Charles Chaplin. Eu disse: *"O que mais admiro na sua arte é a universalidade. Você não diz uma palavra e, ainda assim, todo o mundo o entende"*. E sua resposta foi: *"É verdade. Mas sua fama é ainda maior: o mundo admira você sem entender uma palavra do que você diz"*.

Bob dá uma risada e pergunta a Einstein.

B: – E após a Relatividade Geral, o que você fez?

E: – Eu me ocupei até o fim da minha vida em encontrar uma teoria unificada das interações.

B: – E chegou a algo?

E: – Eu tenho uma ideia que resolve o problema, mas nunca cheguei a publicar nem revelei a ninguém. Vou te explicar.

Bob fica atônito, enquanto Einstein vai à lousa explicar a sua ideia de uma teoria unificada. De repente, ele ouve uma voz ao longe. Era Alice, que o balançava de um lado para o outro e dizia:

A: – Acorda, Bob! Já é domingo de manhã e você dormiu em cima dos livros. Já faz um bom tempo que te chamo!

5.4.2 Newton e Einstein: duas Estrelas no Céu da Física

Bob acorda um pouco atordoado e olha para Alice em pé ao seu lado e fala:

B: – Alice, eu sonhei que Einstein vinha aqui me ensinar Relatividade Geral. Ele me ensinou leis de Newton e falou sobre o princípio da equivalência. Disse que ele em um foguete acelerado é equivalente a um campo gravitacional.

A: – Que maluquice Bob, – Diz Alice dando uma grande gargalhada – na época do Einstein nem existia foguete.

Bob gargalha junto com ela e continua:

5.4 Sobral, a Janela do Universo

B: – Ele me falou que, em 1907, descobriu alguns efeitos da gravidade sobre o tempo e a luz. Todavia, eles são tão pequenos que os equipamentos da época não tinham precisão para medir. Somente em 1911 ele percebeu que a curvatura da luz poderia ser medida por um eclipse!

A: – Nossa, esse seu sonho foi bem legal. Quem me dera encontrar Einstein, mesmo em sonho! Realmente a curvatura da luz foi medida em Sobral, em 1919.

B: – Você sabe o que aconteceu após isso?

A: – Ele ficou tão famoso quanto um astro de Hollywood. A confirmação de Sobral foi notícia nos maiores jornais mundo. O "The New York Times", por exemplo, fez uma matéria com o título "O Eclipse que Revelou o Universo". A "Times" de Londres estampava "Revolução na ciência/Nova teoria do universo/Derrubadas as ideias de Newton".

B: – Nossa, é incrível, mas os físicos da época concordavam que era para tanto?

A: – Quando receberam a notícia de Sobral e Príncipe, uma reunião da Royal Society de Londres foi convocada. Essa é a mesma que Newton foi presidente e que tem seu retrato na parede. Alguns físicos ficaram reticentes. Ludwick Silberstein disse: *"Não é científico afirmar desde já que a deflexão, cuja realidade admito, resulta da gravitação... Se o desvio continuar não demonstrado, como atualmente, a teoria inteira entrará em colapso".* Ele aponta para o retrato de Newton e diz *"É nosso dever para com o grande homem proceder cuidadosamente ao modificar ou retocar sua lei da gravitação."*

B: – Nossa, e alguém defendeu Einstein?

A: – Claro, ninguém menos que J. J. Thompson, que ganhou o prêmio Nobel em 1906 por ter descoberto o elétron, disse: *Este é o resultado mais importante relacionado com a teoria da gravitação obtido desde os tempos de Newton, e é apropriado que seja anunciado numa reunião da sociedade tão ligada a ele. O resultado é uma das maiores conquistas do pensamento humano.*

B: – Sim eu me lembro dele quando estudei o capítulo sobre física de partículas.

A: – Outros grandes físicos também falaram sobre Einstein. Lorentz, que ganhou o prêmio Nobel em 1902 por seu trabalho sobre radiação eletromagnética, disse sobre o eclipse: *"Uma das mais brilhantes confirmações que jamais se havia conseguido em uma teoria."* Já Eddington, astrônomo responsável pelas expedições, disse: *"Einstein está acima dos seus contemporâneos, tal como Newton esteve".* O próprio Planck, o fundador da teoria quântica, ao propor o quantum de energia, se referiu a Einstein assim: *"O trabalho de Einstein sobre a relatividade, provavelmente, excede em audácia tudo o que foi conseguido até hoje em ciência especulativa e mesmo epistemológica, a geometria de Euclides, comparativamente, é brincadeira de criança... Caso sua teoria se prove correta, como acredito que o fará, Einstein será considerado o Copérnico do Século XX."*

B: – Uau! E ele ganhou o prêmio Nobel por isso?
A: – Infelizmente não! O comitê do Nobel achava que eram necessárias mais comprovações experimentais, como o do desvio para o vermelho.
B: – Meu deus, e como isso foi resolvido??
A: – A pressão de toda a comunidade sobre o comitê era grande. Sommerfeld, físico de destaque na época que trabalhava com a teoria quântica, mandou uma carta para o comitê do Nobel dizendo: "Imagine-se por um momento qual será a opinião geral daqui a cinquenta anos se o nome de Einstein não constar na lista dos laureados com o Nobel".
B: – De fato, seria uma vergonha para a história do prêmio Nobel.
A: – Finalmente, Planck o indica novamente em 1921 e ele ganha o prêmio Nobel "por suas contribuições à física teórica e, em especial, pela sua descoberta da lei do efeito fotoelétrico."
B: – Efeito fotoelétrico, nunca ouvi falar!
A: – Além da Relatividade, Einstein deu grandes contribuições para a quântica. Ele conseguiu explicar o efeito fotoelétrico propondo que a luz é composta por *quanta* de energia, os fótons.
B: – Mas ele merecia o prêmio pela relatividade!
A: – Podemos dizer que ele merecia vários prêmios Nobeis. Inclusive porque todas as previsões dele da relatividade se comprovaram. De fato, podemos dizer que sua grandeza transcende o próprio prêmio Nobel.

5.4.3 O Experimento de Hafele-Keating

Bob ouve a última frase de Alice e diz, bastante impressionado:

B: – Então o desvio para o vermelho foi comprovado experimentalmente?
A: – Sim, em 1959 Pound e Rebka mediram esse efeito. Eles mediram a diferença de frequências em uma torre de $22,5m$ na universidade de Harvard. Eles encontraram o valor experimental $\Delta \nu/\nu = 2,5(\pm 0,25) \times 10^{-15}$. Você mesmo pode utilizar o resultado (5.13) para calcular a previsão de Einstein.

5.4 Sobral, a Janela do Universo

> **Exercício 5.32** Mostre que o resultado calculado por Bob é dado por $\Delta \nu/\nu = 2,5 \times 10^{-15}$.

B: – Então, de fato, a cor da luz modifica com a gravidade. Ele merecia outro prêmio Nobel.
A: – Talvez tivesse ganho, se não tivesse morrido 4 anos antes. Na década de 1980 outro experimento foi feito e confirmaram o desvio para o vermelho com precisão $0,01\%$.
B: – E a dilatação gravitacional do tempo?
A: – Também foi confirmada diretamente por Hafele e Keating em 1971. Para isso vamos reescrever (5.12) como

$$\Delta T = \frac{gh}{c^2} T. \quad (5.23)$$

No capítulo 2, você estudou os efeitos cinemáticos com bastante cuidado. Encontrou para o avião que ia para leste $\Delta T_L = -183$ ns e para Oeste $\Delta T_O = 95$ ns. Agora, vamos calcular o efeito gravitacional para o mesmo experimento. – Alice comenta e passa o pincel para Bob.

> **Exercício 5.33** Considere a fórmula (5.23) e o experimento de Hafele e Keating. Calcule o atraso entre os relógios do avião e da superfície da Terra. Para isso use os seguintes dados: **a)** O avião que viaja para Leste tem tempo de voo de $T = 41,2$ h e altura $h = 8,9$ km, **b)** O avião que viaja para Oeste tem tempo de voo de $T = 48,6$ h e altura a $9,4$ km.

A: – Com o resultado, finalmente podemos encontrar a previsão teórica para o atraso dos relógios. Basta somar o resultado cinemático com o gravitacional. Assim obtemos o resultado medido nos relógios, que envolve os dois efeitos. O resultado está na tabela 2.1, no capítulo 2, do seu livro.
B: – Alice, você lembra até da tabela do livro! Se continuar assim, você vai ganhar o prêmio Nobel! – Fala Bob, encantando com sua amiga.
A: – Isso é impossível! – responde Alice, gostando do elogio do amigo.
B: – Segundo o Chapeleiro Maluco "A única forma de chegar ao impossível é acreditar que é possível."
A: – De novo no País das Maravilhas, Bob? – diz Alice dando uma risada, e Bob continua:
B: – Fico imaginando o que Einstein diria se estivesse vivo quando aconteceu esse

Capítulo 5. O Eclipse que Revelou o Universo

experimento. Certamente algo do tipo "Eu não tinha dúvida, Deus não cometeria esse erro."

Alice sorri, passa o pincel para Bob, e continua: – Posteriormente esse experimento foi repetido na baía de Chesapeake, nos Estados Unidos. O atraso medido nos relógios foi de $\approx 47,1$ns. Você também considerou esse caso no capítulo 02 e encontrou um atraso cinemático de $-5,7$ns. Agora pode encontrar o resultado gravitacional.

> **Exercício 5.34** O avião da baía de Chesapeake estava a ≈ 9 km de altitude e o tempo de voo foi de 15 h. Qual o atraso gravitacional dos relógios? O efeito total bate com o medido? ∎

B: – Me lembro que no capítulo 02 vimos os efeitos da relatividade restrita para o GPS. Qual seria o efeito gravitacional nesse caso?
A: – Para o GPS não podemos utilizar a expressão (5.23), pois o satélite está muito alto, a $R_S = 26.600$ km. A aceleração da gravidade a essa altura não é mais $9,8$.
B: – Já entendi! – diz Bob, pegando o pincel de Alice

> **Exercício 5.35** Considere que os raios da Terra e da órbita de um satélite são dados por $R_T = 6370$ km, $R_S = 26.600$ km, respectivamente. Use a Eq. (5.19), com U dado por (5.20), para obter $\Delta T = 45,6\,\mu s$. ∎

A: – Exato, Bob. Os efeitos cinemáticos do cap. 02 davam um atraso de $-7,1\,\mu s$ por dia. O atraso total dos relógios será dado por $\approx 38,5\,\mu$ s por dia. O erro, portanto, é maior do que o da relatividade especial.
B: – E isso é levado em conta em todos os satélites?
A: – Com certeza. Existe uma história engraçada sobre isso. Quando o primeiro satélite foi lançado em 1977, os engenheiros não estavam acreditando nesse efeito. Para não correr riscos, eles colocaram um botão para ligar ou desligar o atraso de $\approx 38,5\,\mu$ s/d. Eles descobriram que os relógios atrasavam exatamente de acordo com Einstein e tiveram que ligar o botão. A partir do segundo satélite, esse atraso já foi levado em conta automaticamente.
B: – Uau, podemos dizer que sem Einstein estaríamos perdidos!

Alice acha graça e eles continuam a conversa.

5.4 Sobral, a Janela do Universo

5.4.4 O Projeto Ceará Relativístico

B: – Alice, seria possível conseguir separar os efeitos? Ou seja, medir somente o efeito gravitacional?

A: – Sim, e foi pensando nisso que, em 1975, Iijima e outros levaram um relógio de césio até a estação Norikura, que está a 2.876 metros acima do nível do mar. Outro foi deixado no Observatório Astronômico Nacional do Japão em Mitaka, que está a 58 metros acima do nível do mar. Após comparar os relógios, eles mediram o atraso relativo de $(\Delta T/T)_{Norikura} = (29 \pm 1,5) \times 10^{-14}$. Após eles, em 1976, um experimento semelhante foi conduzido pelos cientistas Briatore e Leschiutta. Um dos relógios foi posto na cidade de Turim, na Itália, a uma altitude de 250m, enquanto que um segundo foi posto na geleira Plateau Rosa, na Suíça, a uma altitude de $3500m$. O resultado experimental do atraso entre os relógios foi de $(\Delta T/T)_{Turin} = 33,8 \pm 6,8\text{ns/d}$, onde ns/d significa nanosegundos por dia. – Alice passa o pincel para Bob. – Qual o valor previsto pelo princípio da equivalência para os dois experimentos acima?

> **Exercício 5.36** Mostre que o resultado encontrado por Bob foi:
> **a)** $(\Delta T/T)_{Norikura} = 30,7 \times 10^{-14}$ **b)** $(\Delta T/T)_{Turin} = 30,6$ ns/d. ∎

B: – Podemos, então, considerar a fórmula de Einstein sendo correta?

A: – Sim, inclusive você pode fazer o processo inverso. Sabendo o atraso dos relógios, descobrir a altura. Vejamos alguns exemplos. Em 2005, 2016 e 2018 Van Baak realizou experimentos com relógios atômicos em montanhas nos EUA. Vejamos se você aprendeu.

> **Exercício 5.37** Em 2005 ele foi para o monte Rainier. Ele deixou um relógio no hotel na base do monte, a uma altura de 300m. Em qual altura ele colocou o segundo relógio, se após 42h eles atrasaram $22,4$ ns? ∎

> **Exercício 5.38** Em 2016 ele foi para o monte Lemmon em Tucson, Arizona, Estados Unidos. Ele deixou um relógio no hotel, na base da montanha. Outro foi deixado no dormitório do observatório astronômico, a 2780m. Qual a altura do hotel se, após 23h, o atraso nos relógios foi de 18 ns? ∎

> **Exercício 5.39** Em 2018 ele foi no monte Palomar na Califórnia. Deixou um relógio no hotel, a nível do mar, e outro no Observatório Palomar, a 1600m de altitude. Quanto tempo durou o experimento se o atraso dos relógios foi de $15,05$ ns? ∎

Figura 5.8 – Baak e sua família cientista

B: – Agora entendo por que, no meu sonho, Einstein queria te conhecer! Você sabe de tudo (risos). Esses experimentos devem ser bastante complexos e caros.

Após o comentário de Bob, Alice dá um sorriso sem jeito e continua:

A: – Não hoje em dia. Os relógios atômicos estão relativamente baratos, por volta de uns R$ 10.000. Inclusive, Van Baak realizou os experimentos acima em viagens com a família.

B: – Alice, podemos realizar um experimento desse no Ceará??

Figura 5.9 – Estátua de Einstein no Museu do Eclipse

A: – Vamos ver. Em Sobral existe o Museu do Eclipse, a uma altitude de 70m. Imagine que coloquemos um relógio no museu e outro na Serra da Meruoca, a aproximadamente 750m. Temos também o Pico Alto em Guaramiranga e a chapada do Araripe no Crato a aproximadamente 1000m de altitude. – Comenta Alice, enquanto passa o pincel para Bob.

> **Exercício 5.40** Quanto seria o atraso, por dia, dos relógios: **a)** Entre a Meruoca e Sobral **b)** Entre Guaramiranga e Chapada do Araripe e a Seara da Ciência, a nível do mar?

B: – Que massa! Tive uma ideia! No Museu do Eclipse, existe uma estátua do Einstein. Poderíamos colocar o relógio em frente a ela. Assim teríamos Einstein observando o atraso dos relógios, confirmando sua teoria.

A: – Adorei, Bob! Quem sabe um dia, se virarmos cientistas, colocamos esse e outros relógios em vários locais do Ceará. Já pensou? Todos poderiam ver com os próprios olhos esse inacreditável efeito da relatividade geral de Einstein.

B: – O nome do projeto seria "Ceará Relativístico".

6. O Santo Graal da Física

Finalmente, iremos abordar a dinâmica do espaço-tempo. Após propor o princípio da equivalência em 1907, foi somente em 1915 que Einstein descobriu a equação que leva seu nome. O caminho não foi trivial e ele precisou usar ferramentas matemáticas abstratas. Segundo o próprio Einstein:

"Nos dias atuais, me ocupo exclusivamente com o problema da gravitação e agora creio que posso superar todas as dificuldades com a ajuda de um amigo matemático (Marcel Grossmann). Mas uma coisa é certa: em toda minha vida nunca trabalhei tanto, e enchi-me de grande respeito pela matemática, cuja parte mais sutil eu tinha considerado até hoje, na minha ingenuidade, como mero luxo! Comparada a este problema, a relatividade original é brincadeira de criança"

Nesse capítulo, teremos um vislumbre do que é a teoria da Relatividade Geral. Particularmente nos deteremos em um novo objeto que aparece: o Buraco Negro. É verdade que nada sai dele, nem a luz? Para responder a essa e outras perguntas, precisaremos dar mais um passo na compreensão matemática do espaço-tempo. Mão na massa!

6.1 Ao Infinito e Além

ESSA seção introduziremos a ideia de métrica para tratar os efeitos gravitacionais no tempo e no espaço.

6.1.1 A Métrica do Tempo

No capítulo 05 vimos como, na relatividade restrita, o tempo e o espaço são relativos para referenciais S e S'. De fato vimos que, se S' tem velocidade V em relação a S, os eventos se relacionam por

$$\Delta t' = \gamma(V)\left(\Delta t - \frac{V}{c^2}\Delta x\right); \ \Delta x' = \gamma(V)(\Delta x - V\Delta t). \tag{6.1}$$

Vimos ainda um fato muito importante. Que mesmo as medidas de tempo e espaço sendo diferentes, existe um **invariante** dado por

$$\Delta s^2 = -c^2\Delta t^2 + \Delta x^2 = -c^2\Delta t'^2 + \Delta x'^2. \tag{6.2}$$

O invariante acima foi fundamental para Einstein encontrar as equações que regem o espaço-tempo. Vimos anteriormente como (6.2) nos dá algumas respostas físicas aos nossos problemas. Imagine um relógio parado na origem de S' e, portanto, $\Delta x' = 0$. Já para S o relógio não está parado e temos $\Delta x \neq 0$. No capítulo 04 utilizamos as transformações (6.1) para relacionar os tempos dos relógios. Todavia, o invariante 6.2 também nos fornece a resposta de maneira bastante simples. Ao substituir $\Delta x' = 0$ nessa equação, obtemos

$$-c^2\Delta t'^2 = -c^2\Delta t^2 + \Delta x^2. \tag{6.3}$$

Devemos lembrar que, para S, $V = \Delta x/\Delta t$ é a velocidade do relógio e do referencial S'. Com isso é fácil chegar a:

> **Exercício 6.1** Use que $V = \Delta x/\Delta t$ e mostre que a expressão acima implica que $\Delta t = \gamma(V)\Delta t'$. ∎

O resultado do exercício acima nada mais é do que o atraso dos relógios. Todavia, após propor o princípio da equivalência, Einstein descobriu que, na presença de um campo gravitacional, para referenciais parados um em relação ao outro, devemos ter

$$\Delta t_{r_2} = \left(1 + \frac{U_2 - U_1}{c^2}\right)\Delta t_{r_1}. \tag{6.4}$$

Na expressão acima, Δt_1 e Δt_2 são os tempos medidos por observadores parados em alturas com potenciais gravitacionais U_1 e U_2, respectivamente.

Logo, as medidas de tempo se modificam quando estamos na presença de um campo gravitacional. As consequências disso foram estudadas no capítulo anterior. Todavia, como podemos relacionar esse resultado com o a relatividade restrita? Especificamente, como devemos modificar a Eq. (6.2)? Mais importante que isso, o que determina essa dependência? A reposta a essas perguntas

6.1 Ao Infinito e Além 179

levou Einstein à equação que leva seu nome. Após o princípio da equivalência, em 1907, ele somente deu uma solução completa em 1915. Portanto, sua compreensão não é nada trivial. Vejamos.

Nossa primeira pergunta é: qual o papel da gravitação no tic-tac de um relógio? Para isso, precisamos comparar um relógio na ausência da gravidade com um na presença da gravidade. Isso é possível? Primeiramente, devemos lembrar que a Eq. (6.2) é válida somente na ausência de campos gravitacionais. No caso de uma fonte esférica, como a Terra ou o Sol, sabemos que o campo gravitacional é descrito pelo potencial $U(r) = -GM/r$. Existe alguma região, na presença desse objeto, que tenha campo gravitacional nulo? A resposta é bem simples: basta considerar que $r \to \infty$ e, portanto, $U = 0$. Isso é bem intuitivo, pois é claro que, em uma região extremamente longe, não sentimos o campo gravitacional. Nessa região, a expressão (6.2) é válida e, muito longe da fonte, valem os resultados da relatividade restrita! Com isso, podemos comparar o tempo medido por um observador muito longe (relatividade restrita), com um sob o efeito da gravitação.

> **Exercício 6.2** Considere dois observadores. Um parado no infinito e outro a uma distância r da fonte. Defina Δt e Δt_r os tempos medidos por eles. Use nossa discussão acima e $r_2 = r$ na expressão (6.4) e obtenha
>
> $$\Delta t_r = \left(1 + \frac{U(r)}{c^2}\right)\Delta t. \tag{6.5}$$

A expressão acima é bastante interessante. Lembrando que U é sempre negativo, ela nos diz que o papel da gravitação, em relação ao vácuo, é contrair o tempo. Se lembrarmos da relatividade restrita, ela tem um papel inverso ao da velocidade, já que para um referencial com velocidade V o tempo se dilata. Será possível, através dela, obter nossa expressão 6.4? Vejamos

> **Exercício 6.3** Considere observadores parados em r_1, r_2 e defina $\Delta t_1, \Delta t_2$ os tempos medidos por eles. **a)** Use a expressão (6.5) e obtenha
>
> $$\frac{\Delta t_{r_2}}{\Delta t_{r_1}} = \frac{\left(1 + \frac{U(r_2)}{c^2}\right)}{\left(1 + \frac{U(r_1)}{c^2}\right)}. \tag{6.6}$$
>
> **b)** Use o fato de que $U(r)/c^2 << 1$ e a aproximação $1/(1 + \epsilon) \approx 1 - \epsilon$ e obtenha 6.4.

Ora, note agora o seguinte. Estamos considerando o tic-tac de dois relógios parados um em relação ao outro. Na relatividade restrita, ao considerar $\Delta r = \Delta r' = 0$, a expressão 6.2 nos fornece $\Delta t = \Delta t'$. Isso é o esperado: os tempos de dois relógios parados, na relatividade restrita, passa igualmente. Todavia, na presença da gravidade, o princípio da equivalência nos leva a (6.5). Assim, pelo menos para relógios parados, vemos que a expressão correta para nosso invariante deve ser substituída por

$$\Delta s^2 = -c^2 \left(1 + \frac{U(r)}{c^2} \right)^2 \Delta t^2. \tag{6.7}$$

Esse foi um dos passos fundamentais para que Einstein pudesse chegar à sua equação. Tudo indica que o papel da gravitação é modificar a métrica Δs^2, que agora tem coeficientes que dependem da posição. Ora, mas e a parte referente ao espaço? Bom, a trajetória de Einstein foi um pouco diferente. De posse do fato acima, ele considerou que todos os coeficientes deveriam depender da posição e procurou uma equação para ela. Antes disso, vamos motivar um pouco mais o papel da gravitação na métrica.

6.1.2   A Métrica do Espaço

Agora, vejamos qual o papel da gravidade para a medida de distâncias. No capítulo anterior, vimos o estiramento do espaço pela gravidade

$$\Delta L_{r_2} = \left(1 - \frac{U_2 - U_1}{c^2} \right) \Delta L_{r_1}. \tag{6.8}$$

Agora, podemos nos fazer a mesma pergunta: qual o papel da gravitação no estiramento? Novamente, vamos considerar um observador no infinito e um observador a uma distância r. Com isso obtemos

> **Exercício 6.4** Considere dois observadores. Um parado no infinito e outro a uma distância r da fonte. Defina $\Delta L, \Delta L_r$ as distâncias medidos por eles. Use nossa discussão acima e $r_1 = r$ na expressão (6.8) e obtenha
>
> $$\Delta L = \left(1 + \frac{U(r)}{c^2} \right) \Delta L_r \rightarrow \Delta L_r = \frac{\Delta L}{\left(1 + \frac{U(r)}{c^2} \right)}. \tag{6.9}$$

Como $U < 0$, nossa expressão acima nos diz que, ao comparar uma barra no vácuo e na presença de gravitação, o efeito desta última é o estiramento. Se lembrarmos do princípio da equivalência, a expressão acima é bastante

6.1 Ao Infinito e Além
181

plausível. Ao comparar um relógio parado com um em movimento, temos $\Delta t = \gamma \Delta t'$. Já para uma barra em movimento temos $\Delta L = \Delta L'/\gamma$. Logo, o efeito da gravitação se comporta de forma semelhante. É possível obter nossa expressão (6.8)? Certamente sim.

> **Exercício 6.5** Considere observadores parados em r_1, r_2 e defina $\Delta L_1, \Delta L_2$ os tempos medidos por eles. **a)** Use a expressão (6.9) e obtenha
>
> $$\frac{\Delta L_{r_2}}{\Delta L_{r_1}} = \frac{\left(1 + \frac{U(r_1)}{c^2}\right)}{\left(1 + \frac{U(r_2)}{c^2}\right)}. \tag{6.10}$$
>
> **b)** Use o fato de que $U(r)/c^2 << 1$ e a aproximação $1/(1+\epsilon) \approx 1 - \epsilon$ e obtenha (6.8). ∎

Agora vamos tentar ver como modificar nossa métrica para o caso espacial. Para isso, devemos lembrar que estamos considerando barras paradas. Na relatividade restrita, vimos que, para medir o comprimento de uma barra, devemos medir simultaneamente a posição de suas extremidades. Se ela estiver parada para os dois referenciais, devemos ter, portanto, $\Delta t' = \Delta t = 0$. Se substituirmos isso na expressão (6.2), obtemos que $\Delta s = \Delta s'$ implica $\Delta L = \Delta L'$. Logo, a métrica nos fornece o esperado: no vácuo, dois observadores parados observam uma barra com o mesmo comprimento. Todavia, na presença da gravitação, o princípio da equivalência nos mostra que nosso invariante deve ser substituído por (6.9), ou seja,

$$\Delta s^2 = \frac{\Delta r^2}{\left(1 + \frac{U(r)}{c^2}\right)^2}. \tag{6.11}$$

Aqui, substituímos ΔL por Δr. Lembre que a expressão acima é válida para o caso em que medimos as extremidades da barra simultaneamente, ou seja, $\Delta t = 0$.

No capítulo anterior vimos como, de forma aproximada, a métrica é modificada pela presença de uma fonte. Todavia, uma pergunta ainda estava em aberto para Einstein: seria possível saber o que determina essa métrica? Ou seja, existe alguma equação que determina como o espaço e o tempo se curvam?

6.2 A Equação de Einstein

Nesta seção, daremos um pequeno vislumbre da trajetória seguida por Einstein para chegar à sua equação.

6.2.1 A Métrica do Espaço-Tempo

Na seção anterior, consideramos casos particulares. Para eventos em que $\Delta r = 0$, descobrimos (6.7). Já para eventos em que $\Delta t = 0$, encontramos (6.11). E para o caso geral, em que tanto Δt quanto Δr são diferentes de zero? Além disso queremos que, para o observador no infinito, nossa expressão se reduza a (6.2). Vejamos.

> **Exercício 6.6** Considere a expressão
>
> $$\Delta s^2 = -c^2\left(1 + \frac{U(r)}{c^2}\right)^2 \Delta t^2 + \frac{\Delta r^2}{\left(1 + \frac{U(r)}{c^2}\right)^2}. \tag{6.12}$$
>
> Mostre que ela se reduz a (6.7) e (6.11) quando se considera $\Delta r = 0$ e $\Delta t = 0$ respectivamente. ∎

A expressão (6.12) nos dá não somente como se deforma o espaço ou o tempo separadamente. Ela nos dá como o espaço-tempo se deforma. Finalmente note que, para o observador no infinito temos $U = 0$ e nossa métrica acima se reduz a (6.2). A métrica (6.12) é extremamente importante. Ela deve nos dar todos os resultados que obtivemos anteriormente. Por exemplo, uma das confirmações da curvatura do espaço-tempo foi o desvio da luz pelo Sol. No capítulo 05 encontramos que isso pode ser obtido ao considerar a modificação do tempo **e** do espaço pela gravidade. A expressão obtida foi

$$c_2 \approx c_1\left(1 + \frac{\Delta U}{c^2}\right)^2. \tag{6.13}$$

Podemos obter essa expressão de nossa métrica? Para isso, devemos lembrar que, no capítulo 05, descobrimos que a luz é descrita por $\Delta s^2 = 0$. Com isso obtemos que

6.2 A Equação de Einstein   183

> **Exercício 6.7** Considere um raio de luz se propagando no espaço-tempo curvo descrito pela métrica (6.12). Use $\Delta s^2 = 0$ em (6.12) e encontre
>
> $$c(r) = \frac{\Delta r}{\Delta t} = c\left(1 + \frac{U(r)}{c^2}\right)^2. \qquad (6.14)$$

Para um observador no infinito, portanto, a luz tem velocidade que depende da posição r. Vejamos como relacionar a velocidade da luz em dois pontos diferentes, r_1 e r_2.

> **Exercício 6.8** Considere a expressão (6.14) em dois pontos e defina $c_1 = c(r_1)$ e $c_2 = c(r_2)$. **a)** Mostre que
>
> $$\frac{c_2}{c_1} = \left(\frac{1 + \frac{U(r_2)}{c^2}}{1 + \frac{U(r_1)}{c^2}}\right)^2.$$
>
> **b)** Considere $U/c^2 << 1$ e obtenha (6.13).

Nessa seção conseguimos modificar a métrica do espaço de Minkowski para considerar a presença de um campo gravitacional. Todavia, nossa solução tem um problema crucial. Ela somente é válida para campos gravitacionais fracos. Lembre que, nesta seção e no capítulo 05, sempre utilizamos a aproximação $U/c^2 << 1$. E no caso de campos gravitacionais fortes, como deve ser nossa métrica?

6.2.2 O Palpitar do Coração

Após obter o desvio da luz em 1911, usando o princípio da equivalência, no início de 1912 as coisas ainda estavam muito confusas para Einstein. Posteriormente, ele escreve sobre esse ano que passou em Praga:

"[...] esse tempo em Praga foi o período mais confuso da minha vida no que diz respeito à física. [...]eu sabia que a teoria Newtoniana era verdadeira, mas incompleta. Não tinha perdido minha fé na teoria da relatividade restrita, mas acreditava que essa teoria era igualmente incompleta. [...] Evidentemente, a teoria Newtoniana, bem como a teoria restrita, tinham de reaparecer de alguma forma aproximada. Só não sabia como proceder. "

Todavia, em julho de 1912, algo já estava claro para ele e já deve estar clara para vocês. Os efeitos de se colocar uma fonte, como o Sol, é modificar a métrica, que agora tem coeficientes que dependem da posição. Einstein, então, considerou que, de forma geral, devemos ter

$$\Delta s^2 = -f_1(r,t)\Delta t^2 + f_2(r,t)\Delta r^2...$$ (6.15)

Um passo importante foi a ajuda de seu grande amigo e matemático, Marcel Grossmann. Ele chamou a atenção de Einstein para o fato de que a ferramenta matemática para lidar com espaços curvos é a Geometria Riemanniana. Após a colaboração com Grossmann, ainda no início de 1913 ele achou que finalmente teria resolvido o problema:

*"O assunto da gravitação foi clarificado até minha **completa satisfação**"*.

Chega a escrever para o físico e amigo Ehrenfest, se desculpando após um longo tempo sem trocar cartas:

"Minha desculpa se reside no esforço literalmente sobre-humano que devotei ao problema gravitacional. Tenho agora convicção íntima de que cheguei ao que é correto..."

Todavia, em agosto do mesmo ano ele não parecia mais tão seguro:

"[...] minha confiança na teoria ainda flutua [...]. Contudo toda a confiança na teoria repousa na convicção de que a aceleração do sistema de referência é equivalente ao um campo gravitacional."

É, caro Einstein, que altos e baixos você viveu esse ano hein? Mas como era característico dele, não desistiu fácil e, insistindo na busca da teoria, comenta em 1914:

"A natureza mostra apenas a cauda do leão. Mas não duvido de que o leão exista, mesmo que não possa revelar-se imediatamente por causa do enorme tamanho."

A frase acima mostra como ele, de alguma forma, sentia que uma grandiosa descoberta o aguardava. Ainda em 1914 chega a uma forma incompleta da equação, mas já estava quase lá. Todavia, o caminho foi trilhado com pouca ajuda da comunidade científica. Sobre esse artigo de 1914, no início de 1915 o matemático Levi-Civita se comunica com Einstein para apontar alguns erros. Ele responde com o desabafo:

"É digno de nota que meus colegas estejam tão poucos sensíveis à profunda necessidade de uma teoria real da relatividade. [...] Para mim é, pois, duplamente reconfortante ter a possibilidade de conhecer melhor um homem como o senhor."

A sequência de eventos em 1915 mostra como esse ano deve ter sido alucinante para ele. Entre julho e outubro ele comenta:

"No outono passado, passei horas difíceis, ao compreender gradualmente como eram incorretas as velhas equações gravitacionais."

Em 7 de novembro, ele escreve para o matemático David Hilbert:

"Compreendi há cerca de quatro semanas que os métodos de prova utilizados por mim até então eram ilusórios."

Poucos dias depois, 12 de novembro, novamente a Hilbert, escreve:

6.2 A Equação de Einstein

"Se a modificação em curso [...] está justificada, então a gravitação tem que desempenhar um papel fundamental na estrutura da matéria, A curiosidade torna difícil o trabalho!"

Todavia, sua confiança seguia inabalada e disse:

"Ninguém que a tenha realmente compreendido pode escapar desta nova teoria"

Em 18 de novembro, publica mais uma versão incompleta da equação. Mesmo com a equação incompleta ele consegue achar uma solução para campos fracos dada por (6.12). Com isso, calcula corretamente a precessão do periélio de Mercúrio, um problema em aberto há 70 anos:

"Explica [...] quantitativamente [...] a rotação secular da órbita de Mercúrio, descoberta por Le Verrier [...], sem necessidade de qualquer hipótese especial."

Além disso, no mesmo artigo, usa sua solução para calcular a deflexão para a luz:

"Um raio de luz que passe junto ao sol deve sofrer uma deflexão em 1, 7"(em vez de 0, 85")"

Esse é o resultado correto, que foi posteriormente medido em Sobral em 1919. Foi certamente um grande momento de sua vida:

"Durante alguns dias, estive fora de mim com uma excitação feliz"

Disse ainda que essa descoberta lhe provocara palpitações no coração. Poucos dias depois, em 25 de novembro de 1915, publica a forma final da equação. Ele descreve esse pequeno período em uma carta de 28 de novembro que escreve a Sommerfeld:

"Durante o mês passado , tive um dos mais excitantes e cansativos períodos da minha vida, mas também um dos mais bem-sucedidos."

Foi certamente um dos momentos mais intensos de sua vida. Não à toa ele também disse:

"Os anos de busca na escuridão por uma verdade que se sente, mas que não se pode exprimir, o intenso desejo e as alternâncias de confiança e desânimo até atingirmos a clareza e a compreensão só são conhecidos de quem os experimentou."

Ufa, haja coração! A título de curiosidade apresento aqui a equação:

$$R_{\mu\nu} - \frac{1}{2}g_{\mu\nu}R = \frac{8\pi G}{c^4}T_{\mu\nu}$$

Nas próximas seções discutiremos algumas de suas consequências.

6.3 Física de Buracos Negros

Nessa seção, discutiremos um dos objetos mais chocantes da Relatividade Geral: Buracos Negros.

6.3.1 A Métrica de Schwarzschild

Após sua aula, como de costume, Bob procura Alice em sua casa. No caminho vai pensando: "Será que Alice sabe todas essas histórias do Einstein? Ela é um gênio!". Toca a campainha e aguarda ansioso que sua amiga esteja em casa. Ela mesma abre a porta. Ela veste a mesma camisa, com o desenho de um corvo, de outras vezes. Ao vê-la, Bob comenta:

B: – Oi, Alice, que camisa diferente é essa que você sempre usa?
A: – Ah, esse é o símbolo do Sci-Hub. Um site que disponibiliza gratuitamente artigos científicos. – Explica Alice, esticando a camisa para mostrar melhor o desenho.
B: – Nem sabia que artigos eram vendidos.
A: – São sim, e bem caros. Isso impede que pessoas pobres tenham acesso ao conhecimento livre. A Alexandra Elbakyan criou esse site e está sendo perseguida pelas editoras.

B: – Nossa, muito corajosa essa Alexandra.
A: – Sou fã dela, ela é considerada a Robin Hood da ciência. O corvo é o símbolo da sabedoria. A chave no bico representa portanto a libertação do conhecimento. O slogan do site é: "Removendo todas as barreiras no caminho da ciência".
B: – Que massa, vou querer uma camisa dessas! Falando em ciência livre, eu tive uma aula incrível sobre a Equação de Einstein. Eu não sabia que ele errou várias vezes até chegar a ela.
A: – De fato, chega a ser engraçado. Se me lembro bem, ele chegou a brincar consigo mesmo:"*O amigo Einstein segue sua própria conveniência. Todos os anos renega o que escreveu no ano anterior [...]*"

6.3 Física de Buracos Negros 187

Bob dá uma gargalhada e continua:

B: – A equação é tão complicada, que nem ele conseguiu resolver. Será que ela tem solução?

A: – Essa é uma história curiosa. Poucos meses depois que o Einstein publicou sua equação, Karl Schwarzschild encontrou uma solução exata, para o caso de uma fonte.

B: – Como assim exata?

A: – Ela vale para campos gravitacionais fortes ou fracos. Ela é chamada métrica de Schwarzschild. – Fala Alice indo à lousa escrever a solução.

$$\Delta s^2 = -c^2 \left(1 + 2\frac{U}{c^2}\right)\Delta t^2 + \frac{\Delta r^2}{\left(1 + 2\frac{U}{c^2}\right)}. \tag{6.16}$$

Na métrica acima, $U = -GM/r$, a mesma expressão usada para o potencial Newtoniano.

B: – E o que tem de curioso nisso?

A: – Ele obteve essa solução quando era soldado e estava no fronte na primeira guerra mundial.

B: – Nossa, isso que é amor pela física! E a solução aproximada do Einstein, ainda é válida?

A: – Claro, a expressão acima também é válida para $U/c^2 << 1$. Portanto, as duas soluções devem coincidir para o caso de campo fraco. Você mesmo pode mostrar isso. Pegue o pincel.

> **Exercício 6.9** Considere $U/c^2 << 1$. Use as aproximações usuais e mostre que, nesse caso, as expressões (6.12) e (6.16) coincidem. ∎

B: – Entendi o que você quer dizer por aproximada. Ela nos dá a mesma expressão que encontramos para o caso do Sol e calculamos o desvio da luz.

A: – Sim, mas o mais interessante é que ela vale para campos fortes.

B: – Quão fortes?

A: – Tanto quanto se queira. Por exemplo, ela vale mesmo quando $U/c^2 = -1/2$. Note que se utilizarmos esse valor na métrica, nosso coeficiente do tempo se anula, e o do espaço fica mal definido, pois teremos $1/0$. Esse valor é tão importante que damos um nome a ele. Primeiramente vamos ver que valor é esse.

> **Exercício 6.10** Use a definição de U e mostre que $U/c^2 = -1/2$ implica $r_s = 2GM/c^2$. ∎

B: – O que isso significa? – Pergunta Bob, um pouco confuso.

A: – Nesse caso, nossa métrica descreve um buraco negro e veremos que r_s é o tamanho do horizonte de eventos e, portanto, do nosso buraco negro. r_s é chamado de raio de Schwarzschild.

B: – Então esses são os famosos buracos negros. Devem ser monstros gigantescos!

A: – De fato, não. Vejamos alguns exemplos.

Exercício 6.11 Considere as massas do Sol, da Terra e Sagittarius A* (Sgr A*), o buraco negro no centro da nossa galáxia. Elas são dadas respectivamente por $M_S = 1,988 \times 10^{30}$kg, $M_T = 5,972 \times 10^{24}$kg e $M_{Sgr\,A} = 8,151 \times 10^{36}$ kg. **a)** Calcule qual seria r_s para esses casos **b)** Mostre que r_s tem dimensão de comprimento.

B: – Então se a Terra virasse um buraco negro, toda sua massa estaria dentro de uma esfera de raio 9 mm?? Inimaginável! E eu nem sabia que tem um buraco negro tão monstruoso no centro da nossa galáxia.

A: – De fato tem no centro de todas as galáxias. Mas vamos falar disso daqui a pouco. Primeiramente, você pode mostrar que a métrica pode ser reescrita de forma mais simples.

Exercício 6.12 Use $r_s = 2GM/c^2$ e mostre que

$$\Delta s^2 = -c^2 \left(1 - \frac{r_s}{r}\right) \Delta t^2 + \frac{\Delta r^2}{\left(1 - \frac{r_s}{r}\right)}. \tag{6.17}$$

A: – Na forma acima, vemos facilmente que quando $r = r_s$ teremos algo estranho acontecendo no nosso espaço-tempo. A métrica (6.17) acima descreve um buraco negro.

B: – Uau, nunca imaginei que estaria discutindo sobre buracos negros, e fazendo as contas.– Fala Bob dando um leve sorriso.

A: – Fazendo as contas a gente entende ainda mais! Agora imagine o seguinte. Eu estou no infinito observando um buraco negro, e você a uma distância r.

B: – Eu nunca aguentaria ficar tão longe de você!

Bob sorri e Alice enrubesce. Alice, então, continua.

A: – Como estamos parados, $\Delta r = 0$. Da nossa métrica teremos

$$\Delta t_B^2 = \left(1 - \frac{r_s}{r}\right) \Delta t_A^2. \tag{6.18}$$

6.3 Física de Buracos Negros

B: – Mas já tínhamos encontrado isso, não?

A: – Não para campos arbitrariamente fortes. Note que, quanto mais r se aproxima de r_s, o tempo medido por você fica cada vez menor e para se $r = r_s$.

B: – Nossa, que estranho, o tempo para?? Talvez o chá do Chapeleiro Maluco fosse nesse local! – Comenta Bob dando uma risada.

A: – Bob, voltou a lembrar do País das Maravilhas? Realmente gostou desse livro, hein!? – Comenta Alice, rindo com Bob, e continua – Mais estranho ainda, quando $r < r_s$, temos que $\Delta t_B^2 < 0$.

B: – Como pode um tempo ao quadrado ser menor que zero?? Alice, quando achei que estava entendendo você me solta essa.

A: – Calma com a dor. O que esse resultado significa é que nunca podemos escolher $\Delta r = 0$ quando $r < r_s$, ou seja, quando estamos dentro do buraco negro.

B: – Entendi! Mas se Δr não pode ser zero, eu não posso ficar parado dentro do buraco negro??

A: – Muito bem, Bob, é isso mesmo. Uma vez dentro do buraco negro, tudo é tragado para o centro. Impossível ficar parado. E se prepare, você ainda vai ficar boquiaberto muitas vezes. Por exemplo, para compararmos comprimentos, como vimos antes, basta colocar $\Delta t = 0$ e obtemos

$$\Delta r_B^2 = \frac{\Delta r_A^2}{\left(1 - \frac{r_s}{r}\right)}. \tag{6.19}$$

B: – Nossa, então para você os comprimentos ficam infinitos! Antes era contração, agora estiramento! Você tem que admitir que é impossível não lembrar do País das Maravilhas!

Bob descreve a cena que lembrou. Alice acha graça da imaginação de Bob e ele continua.

B: – Mas que coisa estranha esse horizonte de eventos! E para a luz? O que acontece?

A: – Bom, se eu emitir um raio de luz do infinito, vamos ver como observo sua viagem ao buraco negro. Nesse caso, basta tomar $\Delta s^2 = 0$. Faça a conta e tire sua próprias conclusões.

Exercício 6.13 Mostre que $\Delta s^2 = 0$ em (6.17) implica que

$$c^2(r) = c^2\left(1 - \frac{r_s}{r}\right)^2.$$

B: – Nossa, para $r = r_s$, temos $c(r_s) = 0$?? Para você no infinito, a luz para quando chega no horizonte de eventos? Que mundo estranho! Pelo que eu tinha ouvido falar, a luz não sai do buraco negro, mas ela não entrar é nova! Que bizarro, me explica logo senão vai dar um nó na minha cabeça.
A: – Sem ansiedade, Bob. – Diz Alice dando uma gargalhada. – Vou tentar fazer uma analogia: é como se, ao observar o fenômeno de longe, a gravidade causasse ilusões de ótica muito fortes.
B: – Então é o fim da picada, eu parado não consigo descrever o interior do buraco negro, você no infinito tem muitas ilusões de ótica. Como saber o que ocorre dentro do buraco negro??
A: – Muito simples, você parado não consegue, mas se estivesse em queda livre?
B: – Deus me livre, assim eu nunca mais ia te ver! – Diz Bob com um sorriso no rosto.

Alice dá uma bela risada e continua.

6.3 Física de Buracos Negros

6.3.2 Viagem ao Centro do Buraco Negro

A: – Precisamos comparar o que eu meço no infinito, com o que você, agora em queda livre, mede. Nesse caso não podemos usar $\Delta r = 0$. Agora, além dos efeitos da gravidade, teremos o efeito da velocidade de queda modificando o tempo.

B: – Está ficando complicado, agora são três observadores diferentes e não podemos usar $\Delta r = 0$ na métrica. Como conseguiremos isso?

Alice responde prontamente:

A: – Você viu no capítulo 05 que o tempo próprio de um observador é dado por $-\Delta s^2$. Você deve lembrar que o tempo medido por mim no infinito é $\Delta t = \Delta t_A$. Com isso e a métrica (6.17) você pode mostrar como r muda de acordo com seu relógio:

> **Exercício 6.14** Use $\Delta t = \Delta t_A$ e $-\Delta s^2 = c^2 \Delta t^2_{queda}$ em (6.17) e mostre que
>
> $$\left(\frac{\Delta r}{\Delta t_{queda}}\right)^2 = c^2\left(1 - \frac{r_s}{r}\right)\left(\frac{\Delta t_A}{\Delta t_{queda}}\right)^2 - c^2\left(1 - \frac{r_s}{r}\right)^2. \qquad (6.20)$$

B: – Você sempre me surpreende com sua memória, lembra até a equação exata do livro. Mas não chegamos na resposta, a velocidade ainda depende de $\Delta t_A/\Delta t_{queda}$. E agora, José? Ou seria, e agora, Alice?

A: – Muita calma nessa hora. Você deve ter estudado na escola que a energia, $E = mv^2/2 + U$, é conservada. No caso da relatividade geral, essa expressão é modificada para

$$\frac{E}{mc^2} = \left(1 - \frac{r_s}{r}\right)\frac{\Delta t_A}{\Delta t_{queda}}. \qquad (6.21)$$

B: – Você não demonstrou isso. E, mesmo assim, qual o valor de E?

A: – Não demonstrei, mas quando você aprender um pouco mais de matemática eu prometo que te mostro. Imagine agora que nós dois estamos parados no infinito e você cai em queda livre.

B: – Pelo menos em um momento dessa história nós estamos juntos!

Alice sorri e continua:

A: – Se o valor de E é constante e você está parado no infinito, é possível usar nossa expressão do espaço de Minkowski, sem gravidade. Temos, portanto, que $E = mc^2$. Com isso obtemos

$$1 = \left(1 - \frac{r_s}{r}\right) \frac{\Delta t_A}{\Delta t_{queda}}. \tag{6.22}$$

A: – Tcharam, agora sabemos como relacionar os dois tempos! – Diz Alice abrindo os braços em direção à lousa. – E com isso obter qual a sua velocidade de acordo com seu tempo. Faça isso.

> **Exercício 6.15** Substitua (6.22) em (6.20) e obtenha
>
> $$\frac{\Delta r}{\Delta t_{queda}} = \pm c \sqrt{\frac{r_s}{r}}. \tag{6.23}$$

B: – Consegui! Muito massa, então se eu cair do infinito, minha velocidade, de acordo com minha observação, será c no horizonte de eventos. Para você no infinito, os efeitos de "miragem" fazem parecer que nem eu nem a luz atravessamos o horizonte, que o tempo para. Mas quando eliminamos esse efeito e eu me observo caindo, minha velocidade é c no horizonte de eventos. E eu consigo atravessar o horizonte de eventos e ver como é dentro do buraco negro? O que acontece lá dentro?

A: – Você está ficando afiado, Bob! E está começando a fazer boas perguntas. Isso é uma das características mais importantes para um cientista. Não somente resolver problemas, mas saber **que** problemas resolver. Deixe-me pensar. – Diz Alice, parando por alguns segundos – Vamos lá, considerando que você está em queda, devemos usar o sinal de menos na expressão (6.23). Com isso, vemos que

$$\Delta t_{queda} = -\Delta r \frac{1}{c} \sqrt{\frac{r}{r_s}}. \tag{6.24}$$

B: – Não dá logo para dar a resposta final? Estou perdido igual a Alice conversando com o gato de Cheshire. – Fala Bob, enquanto lembra da cena.

A: – Ahaha, essa não é uma boa característica para um cientista. Tem que ter calma e perseverança. Lembra da jornada do Einstein para chegar na equação. O fato é que, da expressão acima,

6.3 Física de Buracos Negros

podemos descobrir o tempo que você leva para ir de um ponto inicial r_i, a outro final r_f. Ela é dada por

$$T = \frac{2r_s}{3c}\left[\left(\frac{r_i}{r_s}\right)^{3/2} - \left(\frac{r_f}{r_s}\right)^{3/2}\right].$$ (6.25)

B: – Pera lá, posso considerar a posição final r_f dentro e a posição inicial fora do horizonte? E vai dar um tempo finito mesmo assim?
A: – Sim, vale para qualquer ponto. Inclusive você pode calcular o tempo para você ir do horizonte de eventos até o centro do buraco negro.

> **Exercício 6.16 a)** Mostre que, se $r_f = 0$ e $r_i = r_s$, temos $T = 2r_s/3c$. **b)** Calcule agora o tempo para ir do horizonte de eventos até o centro para buracos negros com as seguintes massas: i) Terra ii) Sol iii) Sagittarius A* ∎

B: – E eu que sempre duvidei que entenderia qualquer coisa de um buraco negro, agora consigo calcular até o tempo para chegar ao seu centro. Até me empolguei e queria saber como chegar à fórmula (6.25).
A: – Bom, essa é desafiante. Mas eu acho que você consegue. Para isso, você tem que calcular o tempo para ir de um ponto inicial r_i até outro bem próximo $r_f = r_i + \Delta r$. Se você acertar, esse tempo deve obviamente ser dado pela equação (6.24).

Intimamente, Alice acha que pode ser um desafio muito grande. Chega a se preocupar se isso pode desmotivá-lo, mas passa o pincel para Bob.

> **Exercício 6.17** Considere a expressão (6.25) para $r_f = r_i + \Delta r$, com $\Delta r/r_i = \epsilon \ll 1$. Use as aproximações usuais e mostre que ela se reduz a (6.24). ∎

Bob aceita o desafio. Enquanto isso Alice vai à cozinha preparar um café para deixar Bob pensando. Se pega pensando como gosta de ter um amigo como ele. Volta, ele ainda rabiscando a lousa. Alguns minutos de tensão. Finalmente Bob encontra a resposta e diz.

B: – Consegui, que felicidade!

Alice sorri e mostra um brilho no olhar por seu amigo. Ele continua.

B: – Olha, posso dizer que você sempre tira o melhor de mim. Todavia, do resultado acima fica parecendo que nada acontece quando atravesso o horizonte de eventos. O que tem de especial lá? Queria saber por que dizem que nem a luz sai de dentro dele.

Capítulo 6. O Santo Graal da Física

A: – Com essa curiosidade e boas perguntas, você vai longe! A menos que esteja dentro de um buraco negro.

Bob dá uma bela gargalhada e Alice continua.

6.3.3 Que se desfaça a Luz

A: – Entender isso é um pouco mais sofisticado, mas você está pegando o jeito. Você já entendeu que a forma de descrever os eventos no espaço-tempo é utilizando a métrica de Schwarzschild. Já aprendeu que o Δt que aparece lá é o tempo medido por mim no infinito.

B: – Sim, e existe outra forma?

A: – Claro que sim. Se queremos saber como você, em queda, descreve um raio de luz, devemos reescrever a métrica de acordo com seu tempo.

B: – Isso é fácil, basta substituir (6.18) na métrica de Schwarzschild.

A: – Como disse, não é tão simples. A equação (6.18) descreve somente os eventos relacionados ao tic-tac do seu relógio e não de quaisquer eventos no espaço-tempo, como a propagação da luz.

B: – Agora lascou, depois dessa vou desistir. Meu cérebro vai derreter!

A: – Calma, meu caro amigo. Você deve lembrar da relatividade restrita. De lá descobrimos como relacionar os tempos e espaços de quaisquer eventos para observadores com velocidades relativas. Temos que Δt_{queda}, Δt_B e para a distância medida por você parado temos Δr_B.

B: – E o que vou fazer com tanta informação?

A: – Você deve lembrar das transformações de Lorentz, que relacionam todas essas quantidades. Temos

$$\Delta t_{queda} = \gamma(v)\left(\Delta t_B - \frac{v}{c^2}\Delta r_B\right).$$

B: – Pera lá, e por que você não usa a transformação de Lorentz diretamente entre eu em queda e você no infinito?

A: – Pensei que você iria deixar passar essa. Que ótima pergunta, Bob! Uma boa forma de você entender isso é que eu no infinito vejo muitas "ilusões" de ótica, como disse antes. Já você em queda livre pode usar a transformação de Lorentz para relacionar os eventos com você parado.

B: – Entendi, só podemos aplicar as transformações de Lorentz para observadores no mesmo ponto. Dessa forma essas "ilusões" não existem.

Alice se impressiona em como a inteligencia de Bob está ficando aguçada. Nem parece aquele garoto que ainda mal calculava o tempo para um avião dar uma volta na Terra. Sente algo novo por seu amigo, que não consegue entender, e continua:

6.3 Física de Buracos Negros 195

A: – Perfeitamente, Bob. No jargão da Relatividade Geral, dizemos que as transformações de Lorentz valem localmente para observadores no mesmo ponto.
B: – Mas ainda falta um detalhe, que velocidade devemos usar?
A: – Muito simples, você já descobriu que ela é dada por (6.23). Já Δt_B e Δr_B são dados por (6.18) e (6.19).

Já confiante na capacidade de Bob, ela passa o pincel e diz:

A: – Você consegue chegar à resposta sozinho.

> **Exercício 6.18** Considere as Eqs. (6.18), (6.19) (6.23). Mostre que
>
> $$\Delta t_{queda} = \Delta t_A + \frac{1}{c}\sqrt{\frac{r_s}{r}}\frac{\Delta r}{(1 - \frac{r_s}{r})}. \tag{6.26}$$

B: – Nossa, quanta conta. – Diz Bob, ao obter a resposta. – Agora entendo a admiração que Einstein passou a ter pela matemática. Mas pera lá, agora descobrimos como relacionar os tempos de quaisquer eventos entre você no infinito e eu em queda? E a métrica?
A: – Perfeitamente, Bob, agora você pode obter a métrica de acordo com você em queda! Basta lembrar que Δt_A é exatamente o Δt que aparece na métrica. Vimos isso agora há pouco. Com isso você pode substituir (6.26) na métrica (6.17) e obtê-la de acordo com você em queda!

> **Exercício 6.19** Substitua (6.26) em (6.17) e mostre que
>
> $$\Delta s^2 = \left(1 - \frac{r_s}{r}\right)c^2\Delta t_{queda}^2 - 2c\sqrt{\frac{r_s}{r}}\Delta t_{queda}\Delta r - \Delta r^2. \tag{6.27}$$

Essa é conhecida como métrica de Doran e só foi encontrada no ano 2000.

Cada conta que Bob consegue fazer faz brilhar os olhos e palpitar o coração de Alice. Ele continua:

B: – Por que a métrica é diferente? Agora tem até um termo cruzado entre o tempo e o espaço.
B: – E como isso responde à minha pergunta inicial, sobre a luz não sair do buraco negro??
A: – Agora você consegue descrever a trajetória de um raio de luz. Basta lembrar que os raios de luz são descritos por $\Delta s^2 = 0$. Com isso você pode obter.

196   **Capítulo 6. O Santo Graal da Física**

Exercício 6.20 **a)** Use $\Delta s^2 = 0$ em (6.27) e obtenha

$$\left(\frac{\Delta r}{\Delta t_{queda}}\right)^2 + 2c\sqrt{\frac{r_s}{r}}\frac{\Delta r}{\Delta t_{queda}} - \left(1 - \frac{r_s}{r}\right)c^2 = 0.$$

b) Resolva a equação quadrática acima para $\Delta r/\Delta t_{queda}$ e obtenha a solução

$$c_- \equiv \left(\frac{\Delta r}{\Delta t_{queda}}\right)_- = -c\sqrt{\frac{r_s}{r}} - c,\ c_+ \equiv \left(\frac{\Delta r}{\Delta t_{queda}}\right)_+ = -c\sqrt{\frac{r_s}{r}} + c. \quad (6.28)$$

B: – Vixe, obtive duas soluções, achei que era somente um raio de luz.
A: – Imagine que você tenta se comunicar comigo no infinito emitindo luz. O sinal positivo representa esse raio. O sinal negativo seria o raio que vai para dentro.
B: – Adorei, com certeza a última coisa que eu tentaria, ao cair em um buraco negro, seria me comunicar com você.

Alice fica sem jeito, desviando o olhar, e continua:

A: – Bom, vamos analisar primeiramente o raio que você manda para o buraco negro.

Exercício 6.21 Considere c_- acima: **a)** Mostre que $c_- < 0$ para $r > r_s$ **b)** Mostre que $c_- < 0$ para $r < r_s$.

B: – Isso parece bem óbvio. – Comenta Bob ao resolver o exercício. – Se eu emitir um raio para dentro do buraco negro, a velocidade é sempre negativa. Eu estando dentro ou fora dele. O raio simplesmente vai até o centro.
A: – Certo, mas o interessante acontece para o outro raio, que você tenta enviar até mim.

Ela passa o pincel para Bob, as mãos se tocam e Alice sente um leve arrepio. Se pergunta o que está acontecendo. Nunca havia sentido isso em sua dedicação quase integral à física. Bob vai à lousa.

Exercício 6.22 Considere c_+ acima: **a)** Mostre que $c_+ > 0$ para $r > r_s$ **b)** Mostre que $c_+ < 0$ para $r < r_s$.

Enquanto Bob resolvia o problema, Alice se pega descobrindo que gosta dele de uma forma diferente. Se sente abalada com a nova revelação. Chega a sentir uma leve tontura perdida em pensamentos. Sente um pouco de medo do que seu amigo possa pensar sobre isso. Perdida em pensamentos, nem ouve a pergunta de Bob. Ele toca o ombro dela para chamar sua atenção:

B: – Alice, está tudo bem? Se tiver passando mal posso te levar no hospital.

Alice ainda tonta, pensa: "O hospital que eu preciso não existe". Percebe que falou isso em voz alta e fica enrubescida de vergonha.

B: – Que maluquice é essa que você está falando? – Bob comenta enquanto dá uma gargalhada. – Eu estou muito feliz com a solução que encontrei. Eu acabei de achar que, se eu estiver fora do buraco negro, a velocidade da luz é sempre positiva. Logo, o raio que emito para você te alcança. Já se eu tiver dentro, o raio que emito para você tem velocidade negativa. Mesmo esse raio vai para o centro do buraco negro e nunca te alcança. Portanto, dentro do buraco negro os dois raios têm velocidade negativa! Nem a luz sai do buraco negro. Que massa entender isso! Nunca quero entrar num buraco negro, como eu viveria sem me comunicar com você?

Bob, envolto no resultado, não percebe que Alice continua em estado de choque e pergunta:

B: – Buracos negros existem mesmo, Alice?

Alice mal ouve o que Bob fala e diz que está precisando descansar, que em outro momento fala com ele, pois tem coisas a resolver. Pede para que ele saia da casa dela. Ele acha estranho e se sente um pouco magoado, acha que sua amiga não gosta dele, pois ele a importuna demais com perguntas. Vai para casa bastante triste, decidido a não mais fazer isso.

6.4   Duas Nuvens no Céu da Física

Nessa seção discutiremos ondas gravitacionais, cosmologia e problemas em aberto relacionados à Relatividade Geral.

6.4.1   Ondas gravitacionais e Buracos Negros Supermassivos

Após a descoberta de Alice sobre gostar de Bob, ela tenta de toda forma evitar encontrá-lo. Passa meses se perguntado se na verdade sempre gostou dele. Muitas vezes o vê tocando sua campainha e não atende. Todavia, certa vez encontra Bob a esperando na porta da sua casa.

B: – Alice, você desapareceu! O que aconteceu? Eu estava com saudades e louco para continuar nossa conversa.

B: – Eu estava resolvendo algumas coisas. – Diz Alice, surpresa, sem saber o que fazer.

Bob aguarda ela abrir a porta, entra na casa dela e pergunta:

B: – Aguardei esse tempo todo para você responder minha pergunta. Buracos negros existem?

Alice resolve aceitar que Bob só gosta dela como amigo. Em um tom sério, e se contendo, responde:

A: – Einstein não parou quando descobriu as equações. De fato, desde o início se deteve no seguinte problema: imagine que você está a uma distância r de uma fonte como o Sol. Como você já sabe, o potencial Newtoniano é dado por $U_N(r) = -GM/r$. Se o Sol muda de posição e, portanto, a distância r, você sente instantaneamente que muda U_N.

B: – E qual o problema disso?

A: – O problema é que, pela relatividade especial, nada pode se propagar mais rápido que a luz. Estaria violando a causalidade, como você também já sabe.

B: – Nossa, e como não apareceu esse problema quando estávamos falando sobre buracos negros?

A: – Pois consideramos o caso estático, em que a fonte, como o buraco negro, está parada.

B: – E é possível determinar como uma fonte que se move modifica o espaço tempo??

A: – Claro que sim, é necessário resolver as Equações de Einstein para fontes em movimento. – Responde Alice, que começa a se soltar e se empolgar.

B: – E essas fontes existem?

A: – Sim, podemos ter estrelas orbitando uma em torno da outra.

B: – E é possível fazer esse cálculo? No caso de Schwarzschild, o Einstein só obteve solução aproximada.

A: – Claro que sim. Já em 1916 Einstein resolveu esse problema.

B: – E qual a solução?

A: – Ele encontrou que, ao girar em torno uma da outra, são geradas ondas gravitacionais. Encontrou ainda que a velocidade dessas ondas, a distâncias suficientemente longe das fontes, é exatamente igual a c.

B: – Então, ao se mover, não sentimos imediatamente a mudança no potencial. Ele se propaga com a velocidade da luz. Essa também é uma grande mudança no paradigma Newtoniano. Muda tudo!

Alice sorri vendo Bob usando a palavra "Paradigma" e continua:

6.4 Duas Nuvens no Céu da Física

A: – É mesmo. Uma boa analogia é você imaginar uma madeira flutuando na água. Se você empurra ela para baixo e a solta, ela fica oscilando e gerando algumas ondinhas. Quem está longe não sente o efeito imediatamente, demora um tempo até as ondinhas chegarem.

B: – Incrível, e o que isso tem a ver com minha pergunta, se buracos negros existem mesmo?

A: – Calma que no fim você vai entender. Einstein mostrou que as ondas carregam energia. De fato ele encontrou a expressão exata para isso.

B: – Se as estrelas perdem energia em forma de ondas gravitacionais, o que ocorre com elas?

A: – A distância entre as estrelas em órbita vai diminuindo. Einstein mostrou que essa distância deve diminuir exatamente da seguinte forma

$$\frac{\Delta r}{\Delta t} = -\frac{64}{5}\frac{G^3}{c^5}\frac{(m_1 m_2)(m_1 + m_2)}{r^3}. \tag{6.29}$$

B: – Esse Einstein não tem limites! Essa distância diminui até colidirem? Inimaginável um evento astrofísico desses. E essas ondas gravitacionais foram descobertas?

A: – O que não tem limites é a sua curiosidade, Bob! Primeiramente as ondas gravitacionais foram medidas de forma indireta. Em 1974, Hulse e Taylor descobriram um binário composto por duas estrelas de nêutrons, sendo uma delas um pulsar. Eles mediram a modificação da distância entre elas e bate exatamente com a expressão descoberta por Einstein.

B: – O Einstein deveria ter ganhado vários prêmios Nobeis (risos). E por que você diz que essa é uma descoberta indireta?

A: – Porque, de fato, não foi medida uma onda gravitacional aqui na Terra. Da nossa analogia, é como se você não pudesse ver as ondinhas. Todavia, você calcula exatamente como a madeira deve diminuir as oscilações ao perder energia para as ondas.

B: – Que onda! – Bob brinca ao se impressionar. – Só vemos a distância diminuir, mas a forma como ela diminui bate exatamente com (6.29).

A: – Pois é. Essa descoberta é tão importante, que Taylor e Hulse ganharam o prêmio Nobel em 1993. De fato, eles continuaram medindo essa distância até hoje, e a diminuição continua batendo com (6.29).

B: – Como a física é fascinante! E sobre a existência de buracos negros??

A: – Essa é ainda mais impressionante. Foi construído um detector de ondas gravitacionais chamado LIGO, que significa Observatório de Ondas Gravitacionais por Interferometria Laser.

B: – Em alguma universidade?

A: – Não, o tamanho é gigantesco. É um detector em L e cada braço tem 4 km.

B: – Valha! Que coisa, esses cientistas são inacreditáveis.

A: – Pois é! Em 2015 eles detectaram a primeira onda gravitacional. Foi o colapso de dois buracos negros com 29 e 36 massas solares. Determinaram até a distância, dada por $1,3$ bilhões de anos-luz.

B: – Dois buracos negros colidindo? Deve ser uma evento catastrófico. E como foi possível medir de uma distância tão grande?

A: – Com certeza, ele emite uma potência 50 vezes maior do que todas as estrelas do universo! Por essa razão ainda conseguimos medir aqui. É como se em vez de uma pequena madeira, fosse um navio oscilando. Mesmo muito longe dele, você ainda consegue perceber as ondas.

B: – Então eles conseguiram medir, aqui na Terra, uma onda gravitacional passando. Mas é possível ver uma onda gravitacional?

A: – Vamos para nossa analogia novamente. Imagine que você coloque um pedaço de isopor longe do navio que gerou as ondas. Você não consegue ver as ondinhas, mas consegue ver o isopor subindo e descendo quando ela passa. E com o cálculo correto, você sabe **exatamente** como ela deve fazer isso. Quando a onda gravitacional passa, ela aumenta e diminui o tamanho dos braços do LIGO e isso é detectado.

B: – E isso não vai fazer mal a ninguém? Essas ondas passando e aumentando e diminuindo o tamanho de tudo na Terra, incluindo a própria Terra?

A: – Claro que não Bob. O tanto que aumentam e diminuem esse braços é 10^{-18} metros. Menor que o tamanho de um átomo.

B: – Que experimento! Difícil até de acreditar. Desculpa a insistência, e os buracos negros??

A: – Bom, os físicos conseguem saber as propriedades das fontes que giram somente pela forma que os braços oscilam. Eles descobriram que a fonte que gerou a onda gravitacional medida em 2015 eram os dois buracos negros.

B: – Então podemos dizer que um buraco negro foi medido diretamente! Nunca imaginava que chegaríamos a esse ponto!

A: – De uma vez só provaram a existência direta de ondas gravitacionais e de buracos negros. Mereceram o prêmio Nobel! Isso rendeu o prêmio Nobel de 2017 para o cientista chefe do experimento, Kip Thorne, Rainer Weiss e Barry Barish.

B: – Com certeza esse foi merecido! E foram encontrados outros colapsos?

A: – Muitos outros. Inclusive foram construídos outros detectores para, por triangulação, saber exatamente onde foi gerada essa onda gravitacional. Em alguns casos, encontraram colisões de dois buracos negros. Isso comprova a Relatividade Geral para campos gravitacionais fortíssimos.

B: – Então todas as previsões da Relatividade foram confirmadas, existe alguma outra?

A: – Existe sim. No caso de buracos negros em rotação, é possível mostrar que a luz que passa ao redor e chega na Terra se encurva de forma bastante característica.

6.4 Duas Nuvens no Céu da Física

B: – E buracos negros giram? Essa é nova! Não diga que foi o Einstein que descobriu também.

A: – De fato a grande maioria gira, todavia, a equação fica bem mais complicada. Foi o Roy Kerr, somente em 1963, que descobriu a solução exata. Lembra de $SgrA^*$, o buraco negro que você perguntou antes? Recentemente, em 2019, o projeto EHT, que significa telescópio de horizonte de eventos, conseguiu capturar esse efeito. É a famosa foto do buraco negro. Ela expressa exatamente a forma esperada para um buraco negro em rotação. Você acha essa foto na rede!

B: – Em qual rede? – Brinca Bob.

Alice sorri desconcertada e Bob continua:

B: – Alice, parece que a Relatividade Geral é o "fim" da pesquisa sobre gravitação? A física está esgotada e é seu fim? Tudo foi comprovado, mesmo em situações de campos gravitacionais fortíssimos.

A: – Boa pergunta Bob. Há mais mistérios entre o horizonte de eventos e a singularidade que supõe nossa vã filosofia.

Bob dá uma gargalhada com a referência a Shakespeare e Alice continua.

6.4.2 Cosmologia e Gravitação Quântica

A: – Você sabia que um dos mais importantes físicos do século XIX, Lord Kelvin, afirmou: "*No céu azul da física clássica existem apenas duas nuvens a serem erradicadas.*". Ele se referia ao problema do Éter e da radiação de corpo negro.

B: – Eita, e o problema do Éter gerou as revoluções da relatividade restrita e geral! Mas e essa do corpo negro, o que é isso?

A: – Deixa eu tentar te explicar de maneira simples. Você sabe que sempre que aquecemos algo, ela muda de cor. Por exemplo, uma barra de ferro aquecida fica vermelha, depois amarela e depois branca. Se você aquece uma caixa negra fechada, esse é chamado corpo negro. Dentro dessa caixa teremos ondas eletromagnéticas, e é possível medir a cor dessa radiação. A pergunta é: como calcular essa cor? No fim do século XIX, os físicos utilizaram o eletromagnetismo mas não batia com o que era medido. Para Lord Kelvin isso era um pequeno problema. Todavia, em 1900 Planck resolveu o problema propondo a quantização da energia. Ele propôs que a luz só poderia ser emitida ou absorvida pelo corpo em "pacote" com quantidades bem definidas de energia, e não mais de forma arbitrária e contínua, como se pensava antes. Isso gerou a descoberta da mecânica quântica. A física do mundo microscópico se comporta de forma muito diferente.

B: – Então o problema do corpo negro gerou a revolução da mecânica quântica! Essa sim deve ser inacessível para mim.

A: – De fato, aparecem muitos efeitos bizarros. Por exemplo, a incerteza de Heisenberg, em que você não pode medir a posição e velocidade de uma partícula. Sobre essa bizarrice da Mecânica Quântica, Einstein certa vez disse: *"Deus é sutil mas não é malicioso."*

B: – Minha nossa, e tudo que estudamos em Relatividade Geral? Sobre descobrir velocidade e posição do observador em queda??

A: – Em breve chegaremos lá. Um dia você poderá entendê-la um pouco. Mas tenha em mente que Richard Feynman, um grande físico que ganhou o prêmio Nobel por suas contribuições para o eletromagnetismo quântico, certa vez afirmou: *"[...] quem diz que entende a mecânica quântica é porque não entende a mecânica quântica."*. Todavia, os físicos conseguiram aplicar ela para campos eletromagnéticos, para a matéria e muitas outras aplicações. O próprio Einstein foi quem propôs o quantum de luz, o fóton. Grande parte de nossa tecnologia hoje são aplicações dela.

B: – E o que isso tem a ver com a gravitação?

A: – Muita calma nessa hora. Após Einstein publicar sua equação, já em 1917, ele publica o artigo "Considerações Cosmológicas Sobre a Teoria da Relatividade Geral". Ele a aplicou para o universo como um todo. Esse artigo é considerado a fundação da cosmologia moderna. Ele acreditava que o universo era estático. Todavia, a força gravitacional é sempre atrativa. Para resolver isso, ele precisou adicionar algo que gerasse uma repulsão, uma energia negativa, ele chamou de constante cosmológica Λ. Um tempo depois o astrônomo Edwin Hubble conseguiu determinar que o universo estava em expansão e que Einstein estava errado. Sobre a introdução dessa constante, Einstein disse: *"O maior erro de minha vida"*.

B: – Que vida grandiosa Einstein viveu, hein, Alice? E que descoberta do Hubble, o universo é dinâmico, não é estático. E se colocarmos o filme "voltando", quer dizer que o universo já foi bem pequeno?

A: – A descoberta experimental de Hubble é considerada a mais importante da cosmologia moderna. Sobre a expansão, era aí que eu queria chegar. Sua indagação é cirúrgica. Se o universo está expandindo, quer dizer que em algum momento ele já foi bem pequeno, talvez até tenha surgido de uma singularidade, um ponto com toda a matéria do universo. A isso damos o nome Big Bang. Com as medidas de Hubble, os cientistas conseguem até estimar a idade do universo,

6.4 Duas Nuvens no Céu da Física

de aproximadamente $13,8$ bilhões de anos. Essa estimativa bate com outras formas de estimar essa idade.

B: – Estou me apaixonando pela cosmologia. Mas agora se colocarmos o filme "para frente", isso quer dizer que o universo vai se expandir para sempre?

A: – Ao considerar as equações de Einstein para o caso dinâmico, dependente do tempo, Friedman encontrou a equação que determina a velocidade de expansão do universo. Depois disso, muitos modelos apareceram, de universo que se expande e contrai, por exemplo. Vai depender do conteúdo de matéria e energia.

B: – E como sabemos esse conteúdo? O universo diminui a velocidade de expansão e voltar a se contrair?

A: – Você não me decepciona nas perguntas, Bob. Medidas mais precisas são necessárias. Em 1998, usando o satélite Hubble, cientistas conseguiram determinar que o universo não só expande, mas sua velocidade está aumentando.

B: – Jesus acende a luz! Como eles fizeram isso?

A: – O universo está permeado por supernovas do tipo 1A. Na década de 1960 os astrônomos descobriram que elas sempre emitem frequências bem características. Essas supernovas podem ser usadas para determinar distâncias astronômicas.

B: – E qual a relação disso com a aceleração do universo?

A: – Lembra do experimento de Pound e Rebka e que a gravitação, ou aceleração, podem mudar as frequências? – pergunta Alice e continua – Da mesma forma, a expansão do universo modifica as frequências emitidas pelas supernovas do Tipo 1A. Em 1998 eles conseguiram determinar que essas mudanças só seriam consistentes se o universo se expandisse de forma acelerada, em vez de diminuir o ritmo de expansão.

B: – Que coisa estranha, e o que gera isso?

A: – Os cientistas chamam de energia escura, algo que se comporta como a constante cosmológica.

B: – Ahaha, até quando erra, o Einstein acerta! – Diz Bob e dá uma gargalhada. – Então está resolvido o problema.

Alice gargalha junto com Bob e continua:

A: – De forma alguma, essa medida indireta nos diz que existe algo causando a aceleração, mas ninguém sabe o que é. O que é essa constante cosmológica? O que gera ela?

B: – Agora entendo sua referência a Shakespeare.

A: – E não para por aí. Durante todo o século passado, os cientistas acumularam dados sobre as propriedades das galáxias e aglomerados de galáxias. Eles conseguem observar vários efeitos gravitacionais, como curvatura da luz, trajetória de galáxias e muitos outros. Eles descobriram que esses efeitos não são condizentes com a quantidade de matéria presente.

B: – Tenho que perguntar de novo: o que causa isso? – Bob insiste, bastante confuso.

A: – Os cientistas acham que existe um novo tipo de matéria que não conseguimos ver, diferente de tudo que conhecemos. Por isso chamam ela de matéria escura. Eles já conseguiram determinar até a distribuição dessa matéria, de tal forma a bater com os efeitos observados.

B: – Inacreditavelmente incrível. Mas a energia escura e matéria escura devem ser somente um pequeno efeito.

A: – De jeito nenhum. Com as medidas que temos, a matéria escura constitui 27% e a energia escura 68% do universo. Somente 4% é matéria "ordinária" como átomos, luz e as coisas que vemos na Terra.

B: – Você está dizendo que tudo que conseguimos ver são meros 4% do universo?? Que maluquice, é essa Alice? Como explicar isso? De onde vem isso? Estou prestes a desistir da física!

A: – Ora, mas o melhor da física não é somente entendê-la, mas tentar resolver problemas em aberto. E aí temos dois grandes problemas em aberto. Elas podem estar conectadas com outro problema teórico em aberto: A teoria da gravitação quântica!

B: – Agora você já foi longe demais, Alice. A gravitação quântica é necessária?

A: – Vejamos. Em 1965 Roger Penrose provou o teorema da singularidade de buracos negros. Ele mostra que sempre que se forma um buraco negro, necessariamente teremos uma singularidade do espaço-tempo no centro. Por essa descoberta, ele ganhou o prêmio Nobel em 2020.

B: – Opa, igual à singularidade que aparece no início do universo?

A: – Exatamente! Foi Hawking quem estendeu o teorema de Penrose para a Cosmologia. A questão é: o que descreve esse ponto? Já entendemos que precisamos utilizar Relatividade Geral para casos de campos gravitacionais fortes, como nesses casos. Também vimos agora que a mecânica quântica deveria se aplicar ao mundo microscópico. Portanto, a única forma de entender esses casos é com uma teoria quântica da gravitação. Todavia, as grandes mentes do século XX, como Heisenberg e Dirac, tentaram encontrar a teoria da gravitação quântica sem sucesso. Para o campo eletromagnético, os físicos já tinham uma boa compreensão, mas para o campo gravitacional aparecem problemas incontornáveis.

B: – Agora você está exigindo demais de mim. Mal compreendo a Relatividade Geral, e a Quântica muito menos.

A: – A Gravitação Quântica é um problema em aberto, Bob. Existem propostas boas como Teoria de Supercordas e Gravitação em Laços, mas ainda tem muitos problemas também.

B: – Parece inalcançável.

A: – Bom, existem alguns resultados bem interessantes. Por exemplo, Stephen Hawking mostrou, ainda na década de 1970, que buracos negros emitem radiação.

6.4 Duas Nuvens no Céu da Física

B: – Agora não entendo mais nada, você passou um tempão me explicando que nada sai do buraco negro.

A: – Sim, isso se deve a efeitos quânticos. Hawking não precisou de uma teoria da gravitação quântica para obter isso. Ele usou efeitos quânticos e a consistência de buracos negros com a termodinâmica. Com isso descobriu a temperatura de um buraco negro. É a famosa radiação Hawking. Depois de um artigo do Bekenstein, ficou claro que buracos negros são objetos termodinâmicos, com temperatura, entropia, e tudo que você estudou na escola.

B: – Nossa, o Hawking se garantiu mesmo!

A: – Foi um renascer da pesquisa em gravitação quântica. Qualquer que seja a teoria da gravitação quântica, ela deve explicar essa radiação. Hawking também fez perguntas bastante fundamentais sobre isso. Por exemplo, imagine que algo caia no buraco negro. Ali você tem várias informações, com forma, distribuição dos átomos etc. A mecânica quântica prevê que a informação nunca se perde. Todavia, ao cair no buraco negro, quem está fora perde essa informação, pois nada sai do buraco negro. Essa informação se perdeu? Ela pode ser recuperada da radiação Hawking? Ninguém sabe.

B: – E como obteremos respostas a todas essas perguntas?

A: – A gravitação quântica é o Santo Graal da física. Um dos maiores problemas em aberto da física desde um século. Somente uma teoria completa da gravitação quântica pode explicar o que ocorre no início do universo, a radiação Hawking e o paradoxo da informação. Do ponto de vista experimental, podemos dizer que as duas nuvens no céu da física são a matéria escura e a energia escura. Muitos cientistas acham que a gravitação quântica também irá resolver esses problemas. É isso que eu quero pesquisar como cientista.

Bob, que já gostava de física, revela para Alice que também quer seguir o mesmo caminho que ela. Ele se aproxima para abraçá-la. Diferente de todas as vezes anteriores, ela se encolhe com braços cruzados e olhando para baixo, nega o abraço. Bob toma coragem e finalmente pergunta:

B: – Alice, está tudo bem? Da última vez você me mandou embora da sua casa e agora isso?

Alice se sente estremecer, o corpo ficar dormente, com medo da verdade que está prestes a revelar. Fala para Bob, gaguejando e desviando o olhar:

A: – Sobre aquilo... me desculpe.

Alguns segundos de silêncio. Bob observa o estado da Alice ainda sem entender por que um pedido de desculpa a deixou assim. Pensa em falar que tá tudo bem, mas ela fala antes:

A: – É que... eu descobri que eu gosto de você de uma forma diferente...

Alice se sente desesperada com a situação e corre para a cozinha. Bob fica em choque, olhando para a lousa. Percebe e entende tudo que aconteceu. Alguns minutos depois vai na cozinha falar com Alice. Se encosta na porta da cozinha. Ela, com os olhos lacrimejantes, fala:

A: – Está tudo bem... eu só não aguentei não dizer isso para você... sempre fomos muitos honestos um com o outro... por favor... me deixa um pouco só.

Ela, olhando para baixo, abalada. Bob se aproxima e diz:

B: – Eu sempre gostei de você de uma forma diferente, só você não percebia isso.

Alice, ainda olhando para baixo, fica sem entender, sem acreditar, se sente encher de uma felicidade e alegria inimagináveis. Olha para ele e percebe seu grande sorriso para ela. Ele abre os braços e diz:

B: – Agora quero meu abraço.

Ela se levanta e corre para ele. Um abraço que demora um longo tempo, que nem a relatividade consegue medir, o tempo subjetivo.

* * *

Muitos anos depois...

Alice e Bob se pegam relembrando aqueles dias. Bob sempre gostou dela e achava que ela o queria como amigo, pois nunca era correspondido. Ele conta as histórias de todas as vezes que tentou conquistá-la, mas ela nunca percebia. Alice e os filhos sempre soltam gargalhadas, não importa quantas vezes ele conte. No meio de uma dessas risadas, relembrando esses momentos, ambos recebem um email. Alice chama Bob e os filhos para verem o que é juntos.

Por suas contribuições para a resolução da gravitação quântica, que possibilitou uma compreensão completa da radiação Hawking, do paradoxo da informação, e da origem do universo, além de descobrir novos efeitos que foram determinantes para a quarta revolução tecnológica, o prêmio Nobel deste ano vai para Bob e Alice.

Bob e Alice, que saíram do interior do Ceará, comemoram se abraçando longamente mais uma vez, como foi aquele abraço na cozinha, muitos anos antes.

A. Paradoxos da Relatividade

Nesse apêndice apresentamos alguns paradoxos da relatividade e suas soluções. Esses paradoxos aparecem em vários momentos do século XX e de fato nunca são paradoxos. Particularmente apresentamos uma nova e simples solução para o paradoxo dos gêmeos. Ela não necessita considerar referenciais acelerados ou sinais de luz, que são as soluções apresentadas na literatura. Para soluções detalhadas, de uma compilação de paradoxos, indico o artigo [16] do presente autor.

A.1 Uma nova solução para o paradoxo dos gêmeos

A formulação padrão para o paradoxo dos gêmeos foi dada por Langevin, em 1911 [11]. Nos anos 50, aconteceu um longo debate sobre o tema [12]. Embora a resposta correta nunca esteve em questão, muitas soluções foram encontradas na literatura. Portanto, a questão de como resolver o aparente paradoxo parece longe de um consenso. Para uma revisão ver a Ref. [13]. Vamos definir o problema. Temos dois gêmeos na Terra, Alice e Bob. Bob irá viajar para o planeta "Ar" e voltará para a Terra. A distância própria, da Terra ao planeta Ar, é medida por Alice e dada por L. Os eventos relevantes são mostrados na Figura A.1.

Devemos ter muito cuidado pois, como dito no capítulo 02, de acordo com referenciais diferentes, cada relógio marca tempos diferentes. Portanto, sempre que falarmos em medidas de tempo, devemos indicar o relógio e o observador.

Vejamos primeiramente os eventos segundo Alice. O tempo de viagem de Bob, marcado no relógio de Alice e de acordo com ela, é dado por

$$\Delta T_A = 2L/v, \tag{A.1}$$

onde v é a velocidade do foguete. Todavia, para Alice, o relógio de Bob tem velocidade v e, devido à dilatação do tempo, marcará

$$\Delta T_B = \frac{\Delta T_A}{\gamma} = \frac{2L}{v\gamma}$$

onde γ é o fator de Lorentz. Portanto, Alice afirmará que Bob estará mais jovem quando voltar. E o que Bob acha? Do ponto de vista dele, devido à contração de Lorentz, a distância entre a Terra e o planeta Ar é dada por L/γ. Portanto, o relógio de Bob, segundo ele, marcará um tempo de viagem dado por

$$\Delta T'_B = \frac{2L}{v\gamma}. \tag{A.2}$$

Ambos concordam, portanto, com o tempo de viagem de Bob. Todavia, para Bob, o relógio de Alice é que tem velocidade v e deve dilatar pelo fator

$$\Delta T'_A = \frac{\Delta T'_B}{\gamma} = \frac{2L}{v\gamma^2}. \tag{A.3}$$

Quando eles se encontrarem, o relógio de Alice irá mostrar $2L/v$ (Eq. A.1 ou $2L/(v\gamma^2)$ Eq. A.3)? Este é o paradoxo. Alice diz que Bob voltará mais jovem devido à sua velocidade. De acordo com Bob, é Alice quem tem velocidade e portanto será a mais jovem. O ponto é: quando eles encontrarem e compararem o relógio, quem estará correto?

Bob é um astronauta, mas Alice é uma física e diz para Bob que ele não está correto e ele que estará mais jovem. A solução é a seguinte. Como dito antes, nós evitaremos aceleração e utilizaremos somente as transformações de Lorentz. A forma de fazer isso foi apontada por

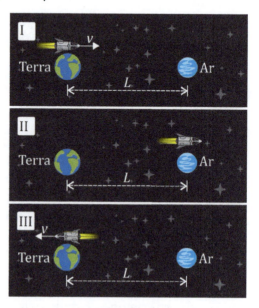

Figura A.1 — Os eventos relevantes, como descritos por Alice: I) Bob parte da terra, II) Bob chega em "Ar" e III) Bob encontra Alice na Terra

A.1 Uma nova solução para o paradoxo dos gêmeos

Romer [15]. Nós utilizaremos uma configuração um pouco diferente. A fim de evitar referenciais acelerados, consideraremos um terceiro gêmeo, Marcos, viajando de um terceiro planeta, chamado "Fogo". Este também está em repouso em relação à Terra. Os planetas Ar e Fogo estão nas posições L e $2L$ da Terra. Os eventos relevantes estão na Figura A.2.

A fim de ser mais preciso, usaremos a notação I_T para o evento I na Terra, no referencial da Alice. Uma linha, I'_T, significará o mesmo evento no referencial do gêmeo Marcos. Para Alice, as partidas de Bob e Marcos são simultâneas, com velocidades v e $-v$, respectivamente. Portanto, os eventos I_T e I_F são simultâneos para ela. Desta forma, Marcos chegará na Terra ao mesmo tempo que Bob chega em Fogo e os eventos III_T and III_F também são simultâneos para ela. Claro, Alice dirá que Bob e Marcos têm a mesma idade. Isso se deve ao fato de que as velocidades relativas, em relação a ela, são as mesmas. Isso simplifica bastante o problema, já que Marcos não tem aceleração e os relógios que serão comparados são os de Alice e Marcos, no evento III_T. Claro, poderíamos imaginar outra situação, em que Bob para em Ar e volta para a Terra. Todavia, isso é irrelevante já que, para Alice, ambos devem ser mais jovens e ter a mesma idade. Aí reside nossa solução, que usa, portanto, somente referenciais inerciais. Vamos focar, então, em Alice e Marcos.

Como dito acima, para Alice, os eventos I_T e I_F são simultâneos e portanto $\Delta T = 0$. Todavia, para Marcos, a Terra e o Fogo têm velocidades $-v$. Para ele, de acordo com as transformações de Lorentz, temos

$$\Delta T' = \gamma\left(\Delta T + \frac{v}{c^2}\Delta x\right) = \gamma\frac{2Lv}{c^2}. \tag{A.4}$$

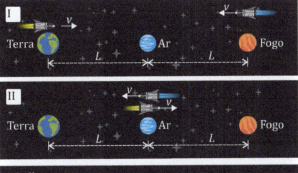

Figura A.2 – Os eventos relevantes, como descritos por Alice: I) Bob e Marcos partem da Terra e "Fogo", II) Bob e Marcos chegam em "Ar" e III) Marcos encontra Alice na Terra e Marcos chega em Fogo.

Na segunda igualdade, usamos $\Delta T = 0$ e $\Delta x = 2L$. Portanto, de acordo com Marcos, o início da marcação no seu relógio (evento $T'_{I'_F}$), e no de Alice (evento $T'_{I'_T}$), não são simultâneos.

A diferença de início, devido à ausência de simultaneidade, é dada pela equação acima. De forma mais detalhada, teremos

$$T'_{I'_T} - T'_{I'_F} = \gamma\frac{2Lv}{c^2}. \tag{A.5}$$

212 Apêndice A. Paradoxos da Relatividade

Esta é a diferença de tempo no relógio de Marcos. Lembre agora que, segundo ele, o tempo no relógio de Alice se dilata por um fator $1/\gamma$. Portanto, quando Marcos parte, ele diz que o relógio de Alice estará marcando $2Lv/c^2$. Para descobrir quanto estará marcado o relógio de Alice na chegada de Marcos, devemos agora adicionar o tempo de viagem. Como dito antes, do ponto de vista de Bob, esse tempo é dilatado e dado pela equação A.3. Ao somar os tempos, teremos

> **Exercício A.1** Mostre que
> $$\frac{2Lv}{c^2} + \frac{2L}{v\gamma^2} = \frac{2L}{v}. \tag{A.6}$$

Quando Marcos encontra Alice, o relógio dela estará mostrando $2L/v$. Já o relógio de Bob, segundo ele, marcará somente o tempo de viagem, dado por (A.2). Podemos afirmar, então, que

Do ponto de vista dos dois referenciais, ambos concordam que o relógio de Alice estará marcando $2L/v$ e o de Marcos $2L/(v\gamma)$.

Nós concluímos que, apesar de Marcos ver o tempo do relógio de Alice passando mais lentamente, todos concordam com o fato de que Marcos, e portanto Bob, são mais jovens. Isso se deve à ausência de simultaneidade e, portanto, para Marcos, o relógio de Alice começou a marcar o tempo antes. Para ele, ela estará mais velha. É deveras interessante que, para Marcos, a ausência de simultaneidade compense exatamente a dilatação do tempo de Alice, de tal forma que todos concordem que ela estará mais velha. Paradoxo belamente resolvido!

Finalmente, devemos assinalar que Romer alcançou um passo importante ao evitar aceleração [15]. Todavia, neste artigo, ele somente sugere que a simultaneidade **deveria** resolver o problema, mas não apresenta o cálculo exato, nem a explicação detalhada dos eventos. Essa atitude está presente em todas a soluções encontradas na literatura. Os autores nunca mostram que a simultaneidade é **exatamente** suficiente para resolver o paradoxo. Aqui, apresentamos essa solução.

A.2 Paradoxos da Contração

Aqui apresentaremos a solução para dois paradoxos da contração. Eles são protótipos para a resolução de muitos outros paradoxos. Diferente do caso do paradoxo dos gêmeos, muitos livros e artigos apresentam boas e detalhadas soluções. Para uma compilação de muitas versões deste tipo de paradoxo, ver a Ref. [16].

A.2.1 Paradoxo da madeira relativística

Imagine que uma madeira, de comprimento próprio L_0, esteja em uma esteira relativística. A madeira passará entre duas guilhotinas, com distância própria também L_0. Alice opera a guilhotina e Bob, aventureiro, sobe na esteira para observar o que ocorre. Desenhamos esquematicamente o que ocorre na Figura A.3. O paradoxo consiste no seguinte: De acordo com Alice, a madeira terá velocidade v e, devido à contração de Lorentz, comprimento L_0/γ. Portanto, ela será menor que a distância L_0 entre as guilhotinas. Alice diz que a madeira passa pelas guilhotinas sem ser cortada. Já para Bob, é a guilhotina que tem velocidade $-v$ e, portanto, comprimento L_0/γ. Para ele, a madeira tem comprimento L_0 e, sendo maior que a distância entre as guilhotinas, será cortada. A madeira será cortada ou não?

A solução para esse paradoxo, assim como no caso do paradoxo dos gêmeos, reside na simultaneidade. Veremos que, se para um referencial a madeira é cortada, para o outro ela também deve ser cortada. Vejamos a situação em que, para Alice, ela não seja cortada. Imagine a situação em que, para Alice, a guilhotina da direita baixe no exato momento em que a extremidade direita do bolo chegue nela. Para Alice, as guilhotinas baixam simultaneamente e, devido à contração da madeira, a guilhotina da esquerda não vai cortá-la. Isso é mostrado na Figura A.3.

Vejamos o que ocorre para Bob. Segundo ele, a distância entre as guilhotinas é L_0/γ e a madeira tem comprimento L_0. Todavia, para ele, as guilhotinas não baixam simultaneamente. O problema é bastante semelhante ao tratado na seção anterior. Vimos que a diferença de tempo é dada pela equação (A.4), ou $\Delta T = (\gamma L_0 v)/c^2$. Nesse caso, utilizamos $\Delta x = L_0$. Ou seja, a guilhotina da direita

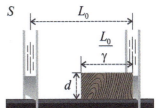

Figura A.3 – Situação 1

baixa antes da guilhotina da esquerda. No caso dos gêmeos, foi o relógio de

Alice que começou a marcar o tempo antes. A situação como vista por Bob é mostrada na Figura A.4.

A pergunta é: até que a guilhotina da esquerda baixe, teremos tempos suficiente para que a madeira passe sem ser cortada? Vejamos. Claro que, tanto para Bob quanto para Alice, a guilhotina da direita baixa no mesmo momento em

Figura A.4 – Situação 2

que extremidade direita da madeira chega lá. São eventos que ocorrem no mesmo ponto. Portanto, no momento em que a extremidade direita baixa, o comprimento da madeira, que estará pra "fora" da guilhotina, é dada por

$$d_1 = L_0 - L_0/\gamma. \tag{A.7}$$

Todavia, vejamos a distância que a madeira anda até que a guilhotina da esquerda baixe. Isso é um problema muito simples: temos a velocidade da madeira e o tempo tempo total. Com isso, teremos

Exercício A.2 Use $\Delta T = (\gamma L_0 v)/c^2$ e mostre que a distância percorrida pela madeira, até que a guilhotina da esquerda baixe, é dada por:

$$d_2 = \gamma L_0 - \frac{L_0}{\gamma}. \tag{A.8}$$

A distância d_2 é maior que d_1? vejamos

Exercício A.3 Mostre que

$$d_2 - d_1 = L_0(\gamma - 1). \tag{A.9}$$

Como $\gamma > 1$, $d_2 > d_1$ e a madeira passa sem ser cortada. Maior quanto? Tanto quanto se queira, basta que consideremos uma velocidade v cada vez mais próxima de c.

A.2 Paradoxos da Contração 215

> **Exercício A.4** Considere agora que, para Bob, as guilhotinas baixem simultaneamente e portanto a madeira é cortada. Mostre que, apesar de ver a madeira menor que a distância entre as guilhotinas, Alice concorda que ela será cortada. ▪

A.2.2 A guilhotina emperrada

Por último, consideraremos o caso em que a guilhotina da esquerda emperra. Para Alice, a madeira continua sem ser cortada. Todavia, para Bob, se a guilhotina emperrar, ela deve "arrastar" a madeira para a esquerda. Quando a segunda guilhotina baixar, ela irá cortar a madeira?

A solução para esse paradoxo reside na não rigidez de corpos extensos na relatividade. No nosso caso, isso se deve ao fato de que nada pode viajar mais rápido que a velocidade da luz. Portanto, até que a informação de que a extremidade da esquerda dever ser "arrastada", a da direita já caminhou uma distância d_2. Podemos imaginar o corpo formado por várias camadas de átomos. Ao se chocar com a guilhotina, a primeira camada empurra a segunda, na sequência a segunda camada empurra a terceira, e assim por diante, até chegar à extremidade esquerda.

Mas o tempo será suficiente, do ponto de vista de Bob, para que a madeira fique entre as guilhotinas e não seja cortada? Podemos considerar o caso limite, em que, ao bater na extremidade direita, a informação de parar se propague para a extremidade esquerda com a velocidade da luz. Portanto, essa extremidade só para depois de um tempo $T_1 = L_0/c$ e, portanto, percorre a distância

$$d_3 = L_0 \frac{v}{c}$$

Agora podemos avaliar se essa distância é maior que o excesso de comprimento da madeira, dado por d_1 na Eq. (A.7). Temos

> **Exercício A.5** Mostre que
>
> $$d_3 - d_1 = \frac{L_0}{\gamma} \left(1 - \frac{1}{(1 + \frac{v}{c})\gamma} \right) > 0. \qquad (A.10)$$
>
> ▪

A distância percorrida pela extremidade esquerda, até que a guilhotina baixe, é maior que o excesso de tamanho da madeira. Do ponto de vista de Bob, portanto, ela também não é cortada. O paradoxo acima levanta uma questão importante na relatividade, que é a modificação da noção de corpo rígido na relatividade especial.

A.3 Exercícios-Desafio

Aqui apresentamos outros paradoxos, como desafios, para os leitores mais dedicados. Para soluções detalhadas, ver Ref. [16]. Eles foram tirados das Refs. [14,4].

Exercício A.6 Guerra espacial

Dois foguetes, com velocidades relativísticas, de mesmo comprimento próprio, passam um do lado do outro.

O observador em *o* tem uma arma da cauda do foguete dela que está apontada perpendicularmente ao seu foguete, ela espera até o ponto *a* e *a'* coincidirem para disparar. No referencial dela, o outro foguete está contraído, contração de Lorentz, portanto, ela espera errar o disparo, mas no referencial do observador *o'*, o alvo é o foguete que está disparando que aparece contraído, então o tiro vai acertar de acordo com a imagem que você pode ver abaixo. Assim, o tiro vai acertar ou vai errar? Aponte o erro na figura e argumente. ∎

A.3 Exercícios-Desafio

Exercício A.7 O paradoxo do detonador

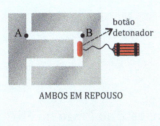

AMBOS EM REPOUSO

REFERENCIAL DE REPOUSO DA ESTRUTURA "U"

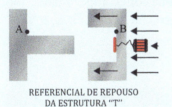

REFERENCIAL DE REPOUSO DA ESTRUTURA "T"

Figura A.5 – Desenho esquemático do problema

Uma estrutura com formato de U é feita do metal mais resistente que existe, ela contém um botão para detonar toneladas de dinamite que está ligado através de um fio, como você pode ver na figura apresentada anteriormente. Existe uma estrutura com formato de T, feita com o mesmo material, que se encaixa quase que perfeitamente com a estrutura em formato de U, a haste não alcança o botão. Imagine, agora, que a estrutura em T tenha uma velocidade extremamente alta em relação à estrutura U. Para o referencial da estrutura U, a estrutura T estará contraída e não pressionará o botão. Já no referencial da estrutura T, é a estrutura U que terá alta velocidade estará, portanto, contraída. Nesse caso o botão seria pressionado. Essa situação é descrita na Figura A.5. A explosão ocorre ou não? Apos sua resposta, considere que exista um laser no ponto A. No momento que houver o choque entre as duas estruturas, um laser sera emitido para o ponto B, que ira cortar o fio. Isso mudará o resultado que você chegou para o paradoxo? Após sua resposta, considere que exista um laser no ponto *A* que no momento que houver o choque entre as duas estruturas um laser será emitido para o ponto *B*, que irá cortar o fio, isso mudará o resultado que você chegou para o paradoxo?

Exercício A.8 O bueiro ascendente

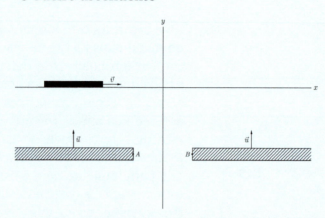

Uma régua, de um metro de comprimento, está ao longo do eixo x do referencial do laboratório e se aproxima da origem com uma velocidade v_{rel}. Uma placa muito fina está subindo na direção y com velocidade v_y como mostrado na figura. Essa placa possui um buraco no meio dela, que tem um metro de diâmetro centrado no eixo y. Por pura coincidência, no momento que o centro da régua está no eixo y, a placa passa pelo ponto y=0. Como estamos no referencial do laboratório, a régua vai sofrer uma contração e passar por dentro do buraco na placa com tranquilidade. Todavia, se estivermos no referencial da régua, a contração será da placa. Portanto, teremos uma colisão, resolva essa paradoxo.

Exercício A.9 Paradoxo do Skate e do buraco
Uma skatista está muito rápida, ao ponto de ser relativística. Para quem está de fora, o skate está sofrendo contração do espaço, então, quando passa por um buraco, ela cai dentro dele devido à gravidade. Todavia, para a garota, o skate dela está no tamanho normal e quem está sofrendo contração é o buraco, portanto, ela irá passar sem problemas. Resolva esse paradoxo.

Exercício A.10 Foguetes conectados por um fio
Dois foguetes estão ligados por um fio inextensível de comprimento próprio l_0. No tempo $t = 0$, os foguetes partem do repouso com exatamente a mesma aceleração constante medido em S. No tempo $t = t_1$, a aceleração para e os foguetes ficam com velocidade constante medida em S. Por que a corda quebrou?

Exercício A.11 O paradoxo do trem que contrai

Uma espaçonave de comprimento próprio L_0 acelera a partir do repouso, sua ponta viaja uma distância x_p em um tempo t_p até uma velocidade final na qual a nave está contraída para metade do seu tamanho original. No mesmo tempo t_p, a cauda se move a mesma distância x_p mais a distância $\frac{L_0}{2}$ que foi a contração da nave. Então a distância da cauda foi $x_p + \frac{L_0}{2}$ em um tempo t_p, isso é uma velocidade média $\frac{x_p + \frac{L_0}{2}}{t_p}$. Como o comprimento próprio é arbitrário, a velocidade média também vai ser arbitrária, até mesmo maior que a velocidade da luz. Resolva esse paradoxo. ∎

Capítulo 1

1.1 d) **1.2** c) **1.3** b) **1.4** a) 60% b) 6% **1.6** a) 60 km e 1h b) 120km e 2h.
1.7 a) -60km e -120km b) Não. **1.8** a) 60km/h b)60km/h c)60km/h. **1.9** 2 horas e 40 minutos. **1.10** 12h50. **1.11** a) $\arctan\left(\frac{2,025}{30}\right) \approx 0,0674$. b)$430 = 0,0674 \cdot R_T \Rightarrow R_T = 6379,82$ km. c) $D = 2\pi R_T = 40085,6$ km. **1.12** 80 dias $80 \times 24 = 1920$ horas. $v = \frac{40085,6}{1920} \approx 20,9$ km/h. **1.13** 1675km/h. **1.14** a) 1290km/h b)34,44h c)17,22h. **1.15** 340m/s. **1.16** a) $\approx 5,8$m/s. b)≈ 1224km/h. c) $\approx 358,3$m/s. **1.17** 39 anos. **1.18** 45 anos. **1.19** 1378 anos. **1.20** 4c. **1.21** 43,25c. **1.22** i) $340^2 - v^2 = \frac{340^2}{t_{total}}$; ii)$v^2 = 340^2\left(1 - \frac{1}{t_{total}}\right)$; iii) $v = \frac{340}{\sqrt{1-\frac{1}{t_{total}}}}$. **1.23** i)$t_{total} = \frac{L}{u_s+v} + \frac{L}{u_s-v} = \frac{2Lu_s}{u_s^2-v^2}$; ii) $t_{total} = \frac{2L}{u_s}\frac{1}{1-\frac{u_s^2}{v^2}}$. **1.24** 1000m. **1.25** a) 0,6 anos-luz. b) 0,2c c) 3 anos. **1.26** aproximadamente 78,49h. **1.27** L: 2190km/h; O: 390km/h. **1.28** 1100m. **1.29** a) **1.30** a) **1.31** $-u'_{2antes} = u_{1antes}-v$; $-u_{2antes}+v = u_{1antes}-v$; $v = \frac{u_{1antes}+u_{2antes}}{2}$. **1.32** $u'_{1antes} = u_{1antes} - \frac{u_{1antes}+u_{2antes}}{2}$; $u'_{1antes} = \frac{u_{1antes}-u_{2antes}}{2}$; $u'_{2antes} = u_{2antes} - \frac{u_{1antes}+u_{2antes}}{2}$; $u'_{2antes} = \frac{u_{2antes}-u_{1antes}}{2}$. **1.33** $u_{2depois} = -u'_{2antes} + \frac{u_{1antes}+u_{2antes}}{2}$; $u_{2depois} = \frac{-u_{2antes}+u_{1antes}}{2} + \frac{u_{1antes}+u_{2antes}}{2} = u_{1antes}$; $u_{1depois} = -u'_{1antes} + \frac{u_{1antes}+u_{2antes}}{2}$; $u_{1depois} = \frac{-u_{1antes}+u_{2antes}}{2} + \frac{u_{1antes}+u_{2antes}}{2} = u_{2antes}$. **1.34** 8m/s. **1.35** Antes: A = 2m/s; B=6m/s. Depois: A = 6m/s; B=2m/s. **1.36** A = 20m/s. B = 10m/s. **1.37** i) $v_{Aantes} = -\frac{M_B v_{Bantes}}{M_A}$; $v_{Adepois} = -\frac{M_B v_{Bdepois}}{M_A}$ ii)$2M_B^2 v_{Bantes}^2 = 2M_B^2 v_{Bdepois}^2 \Rightarrow v_{Bantes} = v_{Bdepois}$. Pode-se usar o mesmo raciocínio para isolar v_A. **1.38** $\approx 2,24$m/s. **1.39** Alice: 1m/s. Bob: 9m/s. **1.40** (1/3)m/s. **1.41** i) Conservação de momento: $v_{Aantes} = \frac{1}{M_A}(M_A v_{Adepois} + M_B v_{Bdepois} - M_B v_{Bantes})$; $v_{Bantes} = \frac{1}{M_B}(M_A v_{Adepois} + M_B v_{Bdepois} - M_A v_{Aantes})$. ii)$v_{Aantes} - v_{Bantes} = \frac{1}{M_A M_B}(M_A M_B v_{Adepois} +$

$M_B^2 v_{Bdepois} - M_B^2 v_{Bantes}$; $-M_A^2 v_{Adepois} - M_A M_B v_{Bdepois} + M_A^2 v_{Aantes}$). iii) Conservação de energia: $v_{Aantes} - v_{Bantes} = \frac{M_A M_B (v_{Adepois} - v_{Bdepois})}{M_A M_B}$; $v_{Aantes} - v_{Bantes} = v_{Adepois} - v_{Bdepois}$. **1.42** $\frac{ML}{2(m+M)} = \frac{m(L-d)+M(L/2-d)}{(m+M)}$; $ML = 2mL - 2md + ML - 2Md \Rightarrow d(M+m) = mL$; $d = \frac{mL}{m+M}$. **1.43** $\approx 2,59$m. **1.44** 25cm. **1.45** 2kg.

Capítulo 2

2.1 (c) **2.2** $m = \frac{M}{L} \frac{EL}{Mc^2} \iff m = \frac{E}{c^2}$, $\gamma = \frac{1}{\sqrt{1-(0,00000153333)^2}} = 1,0000000000011$
2.3 $t_P - t_E = 0,0000000000011757 \cdot 31536000 \approx 0,0000006$ **2.4** 40 s **2.5** $\approx 0,995$ c **2.6** a) 1,6 h b) 0,96 h c) 0,64 h **2.7** $1,00020001 \approx 1,0002$ **2.8** a) $3,01.10^{-4}$ b) $\approx 9,99.10^{-6}$ c) $\approx 1,50.10^{-5}$ d) $\approx -1,26.10^{-5}$ e) $\approx 2,22.10^{-7}$
2.9 $T - T_0 = 31536000 \cdot \frac{1}{2} \cdot \frac{460^2}{9.10^{16}} \approx 0,0000006$ s **2.10** -88 ns **2.11** $\approx 7,75.10^3$ anos **2.12** 2585 km/h **2.13** 503 ns **2.14** $\frac{(-v_s^2 - 2v_s v_L - v_L^2)T_{voo}}{2c^2} + \frac{v_s^2 T_{voo}}{2c^2} = -\frac{(2v_s v_L + v_L^2)T_{voo}}{2c^2}$, $\frac{(-v_s^2 + 2v_s v_O - v_O^2)T_{voo}}{2c^2} + \frac{v_s^2 T_{voo}}{2c^2} = -\frac{(-2v_s v_L + v_L^2)T_{voo}}{2c^2}$ **2.15** $\Delta T_{SL} = -\frac{2.358.250 + 250^2}{2.(3.10^8)^2} \to \Delta T_{SL} \approx -166$ ns, $\Delta T_{SO} = -\frac{(-2.358.250) + 250^2}{2.(3.10^8)^2} \to \Delta T_{SO} \approx -80$ ns **2.16** a) $\approx 4,8.10^3$ m/s b) $\approx 11,0\,\mu s$ **2.17** $\approx 0,1\,\mu s$ **2.18** $\approx 10,0\,\mu s$ **2.19** $\approx 3.10^3$ m (não tolerável) **2.20** ≈ 303 anos **2.21** $-\frac{(-2v_s v + v^2)T_{voo}}{2c^2} - \frac{(2v_s v + v^2)T_{voo}}{2c^2} = -\frac{v^2}{c^2}T_{voo}$ **2.22** $\approx -11,4$ ns **2.23** $\approx -16,1$ ns **2.24** $\approx 0,9982$ c **2.25** $9,624.10^{-5}$ s; 3,72 m; 28852 m **2.26** a) 18 cm b) $7,5.10^{-10}$ s **2.27** $\approx 0,866$ c **2.28** $\approx 0,9999985$ c **2.29** 3,72 m **2.30** a) 600,6 anos b) 26,85 anos **2.31** a) 32 anos b) 27,7 anos **2.32** a) 65 anos b) 52 anos **2.33** a) 647 anos b) 0,9998406 c **2.34** a) 4 anos b) 3,2 anos **2.35** a) 19,9968 anos-luz b) 19,999959 anos **2.36** a) 865,173 anos b) 17,302 anos c) 17,299 anos-luz **2.37** a) 100401,6 anos b) 8971 anos c) 8935 anos-luz **2.38** 0,999496 c **2.39** 3,3 anos

Capítulo 3

3.1 $E = \frac{1}{2}mv^2 \iff E = \frac{1}{2}(mv)v \iff E = \frac{1}{2}pv$ **3.2** $m = \frac{M}{L} \frac{EL}{Mc^2} \iff m = \frac{E}{c^2}$ **3.3** $1,40 \times 10^{-7}$ kg. **3.4** 22,2 kg. **3.5** $E_{\text{próton}} \approx 1,505 \times 10^{-10}$ J, $E_{\text{nêutron}} \approx 1,507 \times 10^{-10}$ J, $E_{\text{elétron}} \approx 8,02 \times 10^{-14}$ J. **3.6** $3,5 \times 10^{-33}$ kg. **3.7** $2,796 \times 10^{-13}$ J. **3.8** $1,1 \times 10^{-9}$ kg. **3.9** a) $4,413 \times 10^{-29}$ kg. b) Sim. c) $3,971 \times 10^{-12}$ J. **3.10** $3,527 \times 10^{-30}$ kg. **3.11** 0,01 g. **3.12** a) $9,35 \times 10^{-29}$ kg. b) $8,42 \times 10^{-12}$ J. **3.13** a) $3,081 \times 10^{-28}$ kg. b) $2,7729 \times 10^{-11}$ J. **3.14** $3,70 \times 10^{14}$ kg. **3.15** $1,48 \times 10^{12}$ anos. **3.16** a) $1,96 \times 10^{-29}$ kg. b) $1,8 \times 10^{-12}$ J. **3.17** a) $1,15 \times 10^{-29}$ kg. b) $1,04 \times 10^{-12}$ J. **3.18** $2,77 \times 10^{-12}$ J. **3.19** $1,64 \times 10^{-13}$ J. **3.20** 9×10^{16} J. **3.21** $2,07 \times 10^{13}$ J. **3.22** a) Não. b) Sim. c) Não. d) Não. **3.23** a) Sim. b) Não. c) Não. d) Não. **3.24** a) Não. b) Não. c) Sim. d) Sim. **3.25** $0,99999995c$. **3.26** a) Sim. b) Sim. c) Não. d) Sim. e) Sim. **3.27** $2,5111 \times 10^{-28}$ kg. Não. **3.28** a) Não. b) Sim. c) Sim. d) Não.

Capítulo 4

4.1 $\sqrt{1-\frac{v^2}{c^2}}-\frac{1}{\sqrt{1-\frac{v^2}{c^2}}}=\frac{v^2}{c^2\sqrt{1-\frac{v^2}{c^2}}}=\frac{v^2}{\sqrt{c^2-v^2}}$. **4.2** $x'=\frac{10}{3}$ m; $t'=-\frac{8}{9}\cdot 10^{-8}$ s. **4.3** $t=\gamma\left(t'+\frac{0}{c^2}\right)\iff t=\gamma t'$. **4.4** $L_0=\gamma(L-v.0)\iff L=\frac{L_0}{\gamma}$. **4.5** $\gamma(x-vt)=u'\gamma\left(t-\frac{v}{c^2}x\right)\iff\left(1+\frac{u'v}{c^2}\right)x=(u'+v)t\iff x=\left(\frac{u'+v}{1+\frac{u'v}{c^2}}\right)t$. **4.6** a) 670 m/s b) 669,99999999937 m/s. **4.7** $u=\frac{c}{1+\frac{c^2}{4c^2}}=\frac{4c}{5}$. **4.8** i)$u+\frac{uu'V}{c^2}=u'+V$ ii)$u-V=u'\left(1-\frac{uV}{c^2}\right)\Rightarrow u'=\frac{u-V}{\left(1-\frac{uV}{c^2}\right)}$. **4.9** a) $\approx -0,91$ c b) $-1,2$ c **4.10** a) $\approx 0,82$ c b) 9.10^{-4} c **4.11** a) $\approx 0,96$ c b) $4,9.10^{-4}$ c **4.12** $0,325$ c. **4.13** Aplicando (4.7) três vezes consecutivas, considerando $v=c/2$ entre cada mudança de referencial inercial: $u'''=\frac{14uc+13c^2}{13u+14c}$. **4.14** $\approx 0,94$ c. **4.15** Sendo V_M a velocidade relativa do referencial do meio (S') em relação ao referencial do laboratório (S) temos $u_L=0$, $u_F=v$ e $u'_L=-u'_F\to(u_L-V_M)/(1-U_LV_M/c^2)=-(u_F-V_M)/(1-u_FV_M/c^2)\to V_M=(c^2/v)(1-\sqrt{1-v^2/c^2})$ (somente esta raiz é válida.) **4.16** a)$t_2=\frac{L_0}{\gamma}\frac{1}{c+v}\iff t_2=\frac{L_0}{\gamma}\frac{1}{c+v}\frac{(c-v)}{(c-v)}\iff t_2=\frac{\gamma L_0(c-v)}{c^2}$ b) $t_1-t_2=\frac{\gamma L_0}{c^2}(c+v)-\frac{\gamma L_0}{c^2}(c-v)\iff t_1-t_2=\frac{2\gamma L_0 v}{c^2}$. **4.17** 4.10^{-12} s **4.18** $0,385$ c **4.19** $4,75$ anos-luz; $5,25$ anos **4.20** 4 anos-luz; 7 anos **4.21** 12 anos; 7,5 anos. **4.22** Substituição: $t''_3=\gamma\left(8-4\frac{v}{c^2}\right)$; $t''_4=\gamma\left(12-10\frac{v}{c^2}\right)$. **4.23** Para $c=1$ (velocidade da luz = 1 ano-luz/ano): $\gamma(8-4v)=\gamma(12-10v)\iff v=\frac{2}{3}c$. **4.24** Substituição: $x'''_2=\gamma(2-3v)$; $x'''_4=\gamma(10-12v)$. **4.25** $\gamma(2-3v)=\gamma(10-12v)\iff v=\frac{8}{9}c$. **4.26** i) $\gamma(1-7v)=\gamma(10-12v)\iff v=\frac{9}{5}c$ ii)$\gamma(4-8v)=\gamma(10-12v)\iff v=\frac{3}{2}c$. **4.27** $\gamma(3-2v)=\gamma(12-10v)\iff v=\frac{9}{8}c$. **4.28** Trantor: $v=\frac{x_5-x_4}{t_5-t_4}\iff v=c$. Hipátia:$v=\frac{x'_5-x'_4}{t'_5-t'_4}\iff v=c$. **4.29** $x_4-x_1=9$ anos-luz; $t_4-t_1=5$ anos. **4.30** $x'_4-x'_1=7,5$ anos-luz; $t'_4-t'_1=-0,5$ anos. **4.31** $(9c)^2-c^2\cdot 5^2=81c^2-25c^2=56c^2$.**4.32** $(7,5c)^2-c^2\cdot 0,5^2=56,25c^2-0,25c^2=56c^2$. **4.33** i) $\Delta x=8c$; $\Delta x'=3,25c$; $\Delta t=9$; $\Delta t'=5,25$. ii)$(8c)^2-c^2\cdot 9^2=64c^2-81c^2=-17c^2$; $(3,25c)^2-c^2\cdot 5,25^2=10,5625c^2-27,5625c^2=-17c^2$. **4.34** Repetir o procedimento das questões anteriores. **4.35** i) $\Delta x'=\gamma(x_2-vt_2)-\gamma(x_1-vt_1)=\gamma(\Delta x-c\Delta t)$ ii)$\Delta t'=\gamma\left(t_2-\frac{vx_2}{c^2}\right)-\gamma\left(t_1-\frac{vx_1}{c^2}\right)=\gamma\left(\Delta t-\frac{v\Delta x}{c^2}\right)$. **4.36** i) $\Delta x'^2-c^2\Delta t'^2=\gamma^2\left(\Delta x^2-c^2\Delta t^2+v^2\Delta t^2+\frac{v^2\Delta x^2}{c^2}-2c\Delta x\Delta t+2c\Delta x\Delta t\right)$; $\Delta x'^2-c^2\Delta t'^2=\gamma^2\Delta x^2\left(1-\frac{v^2}{c^2}\right)-\gamma^2c^2\Delta t^2(c^2-v^2)$. ii) $\gamma^2=(1-v^2/c^2)^{-1}$: $\Delta x'^2-c^2\Delta t'^2=\Delta x^2-c^2\Delta t^2$. **4.37** a)$\Delta s^2<0\iff\Delta x^2<c^2\Delta t^2\iff\frac{\Delta x}{\Delta t}<c$ b)$\Delta s^2=0\iff\Delta x^2=c^2\Delta t^2\iff\frac{\Delta x}{\Delta t}=c$ c)$\Delta s^2>0\iff\Delta x^2>c^2\Delta t^2\iff\frac{\Delta x}{\Delta t}>c$.**4.38** $\Delta t'=0\iff\gamma\left(\Delta t-\frac{v}{c^2}\Delta x\right)=0\iff v=\frac{c^2}{(\Delta x/\Delta t)}$. **4.39** $\frac{\Delta x}{\Delta t}>c\iff c^2\frac{\Delta t}{\Delta x}<c\iff v<c$. **4.40** $\Delta x'=0\iff\gamma(\Delta x-v\Delta t)=$

$0 \iff v = \frac{\Delta x}{\Delta t}$; $\Delta s^2 < 0 \iff \frac{\Delta x^2}{\Delta t^2} < c^2 \iff v < c$. **4.41** $\Delta \tau = 1,491.10^{-6}$ s **4.42** $\Delta \tau = 2,886.10^{-5}$ s.

Capítulo 5

5.1 a) $v = v_0 + at \iff t = (v - v_0)/a$ b) $y = y_0 + v_0[(v - v_0)/a] + (a/2)[(v - v_0)/a]^2 \iff v^2 - v_0^2 = 2a(y - y_0)$ **5.2** $0,248$ m **5.3** Experimental **5.4** $\Delta p = p_{final} - p_{inicial} \iff \Delta p = m_{final}v_{final} - m_{inicial}v_{inicial} \to m_{inicial} = m_{final} = m \to \Delta p = m(v_{final} - v_{inicial}) \iff \Delta p = m\Delta v \to F = m\Delta v/\Delta t \iff F = ma$ **5.5** $9,8\,m/s^2$ **5.6** $29,4$ N **5.7** $39,2$ N **5.8** $39,2$ N, a mesma da questão anterior **5.9** De cima para baixo: $117,6$ N; $88,2$ N; $49,0$ N **5.10** De cima para baixo: $117,6$ N; $88,2$ N; $49,0$ N **5.11** $F_R = N - mg = ma \to N = 695,8\,N$ **5.12** $N = ma \to N = 695,8\,N$ **5.13** Zero **5.14** $m_g g/m_I = 4\pi^2 L/T^2 \iff T = 2\pi\sqrt{L/(m_g/m_I)g}$ **5.15** Experimental **5.16** a) $\Delta u' = u'_{final} - u'_{inicial} \iff \Delta u' = u_{final} - v - (u_{inicial} - v) \iff \Delta u' = u_{final} - u_{inicial} \iff \Delta u' = \Delta u$ b) $a' = \Delta u'/\Delta t' \iff a' = \Delta u/\Delta t \iff a' = a$ **5.17** $\theta = \arccos(g/\sqrt{a^2 + g^2})$ **5.18** Para a frente **5.19** a) $T_g = m_g g$ b) $T_I = m_I g$ c) $T_g = T_I \iff m_g g = m_I g \iff m_g = m_I$ **5.20** $T_g = T_I \iff 2\pi\sqrt{L/g} = 2\pi\sqrt{L/(m_g/m_I)g} \iff m_g = m_I$ **5.21** a) $T_B \approx T_E(1 - v_E^2/2c^2) \to T_A \approx T_E[1 + (v_A^2 - v_E^2)/2c^2]$ b) $v_A^2 - v_E^2 = 2ah \to T_A = T_E(1 + 2ah/2c^2) \iff T_A - T_E = (ah/c^2)T_E$ **5.22** $gh/c^2 = 1,1.10^{-12}$ **5.23** $T_A - T_E = (gh/c^2)T_E \iff (1/T_E - 1/T_A)/(1/T_A) = gh/c^2 \iff \Delta f/f = gh/c^2$ **5.24** $c_1/c_2 = (L/T)/(L/T_0) \iff c_1/c_2 = T_0/T \iff c_1/c_2 = T_0/T_0(1 + gh/c^2) \iff c_2 = c_1(1 + gh/c^2)$ **5.25** a) $2\sqrt{30}$ m/s b) $1,5.10^4$ J **5.26** $U_2 - U_1 = gy_2 - gy_1 \iff \Delta U = g(y_2 - y_1) \iff \Delta U = gh$ **5.27** a) $v_\infty = 0 \to E_\infty = 1/2.m.0^2 + 0 \to E_\infty = 0$ b) $E_{R_T} = E_\infty \to E_{R_T} = 0 \iff mv^2/2 - GMm/R_T = 0 \iff v = \sqrt{2GM/R_T}$ c) $v_T = \sqrt{2GM_T/R_T} \to v_e = 1,12.10^4\,m/s\ (\approx 40320\,km/h)$ d) $v_S = \sqrt{2GM_S/R_S} \to v_e = 617,5\,km/s$ **5.28** $\theta = 2GM_S/R_Sc^2 \to \theta \approx 4.10^{-6}$ **5.29** $L = L_0/\gamma \iff L = L_0(1 - v^2/c^2)^{-1/2} \iff L \approx L_0(1 - v^2/2c^2)$ **5.30** $c_2/c_1 = (L_0/T_0)/(L/T) \iff c_2/c_1 = [L_0T_0(1 + \Delta U/c^2)]/[T_0L_0(1 - \Delta U/c^2)] \iff c_2 = c_1(1 + \Delta U/c^2)/(1 - \Delta U/c^2)$ **5.31** $c_2 \approx c_1(1 + \Delta U/c^2)(1 - \Delta U/c^2)^{-1} \iff c_2 \approx c_1(1 + \Delta U/c^2)^2 \to c_2 = c_1(1 + 2\Delta U/c^2) \iff (c_2 - c_1)/c_1 = 2\Delta U/c^2 \iff \Delta c/c = 2\Delta U/c^2$ **5.32** $\Delta v/v = (9, 8.22, 5)/(3.10^8)^2 \to \Delta v/v = 2,5.10^{-15}$ **5.33** a) 144 ns b) 179 ns **5.34** $52,9$ ns, em concordância com o resultado obtido experimentalmente **5.35** $\Delta T/T = \Delta U/c^2 \iff \Delta T/T = (GM/c^2)(1/R_T - 1/R_S) \to \Delta T/T \approx 45,6\ \mu s/dia$ **5.36** $\Delta T/T = gh/c^2 \to (\Delta T/T)_{Norikura} = 3,07.10^{-13}; (\Delta T/T)_{Turin} = 30,6\,ns/dia$ **5.37** $\Delta T/T = g(y - y_0)/c^2 \iff y = y_0 + (c^2/g)(\Delta T/T) \to y_{Rainier} = 1660\,m$ **5.38** $\Delta T/T = g(y - y_0)/c^2 \iff y_0 = y - (c^2/g)(\Delta T/T) \to y_{0\,Tucson} = 780\,m$ **5.39** $\Delta T/T = g(y - y_0)/c^2 \iff T = c^2\Delta T/g(y - y_0) \to T \approx 24,0\,h$ **5.40** a) $6,4$ ns/dia b) $9,4$ ns/dia

Capítulo 6

6.1 $-c^2\Delta t'^2 = -c^2\Delta t^2 + \Delta x^2 \iff \Delta t' = \Delta t\sqrt{1-\Delta x^2/c^2\Delta t^2} \iff \Delta t' = \Delta t\sqrt{1-v^2/c^2} \iff \Delta t' = \gamma(v)\Delta t$ **6.2** Considerando $U_2 = U(r)(r_2 = r)$ e $U_1 = 0(r_1 = \infty)$: $\Delta t_r = (1+\Delta U(r)/c^2)\Delta t$ **6.3** a) $\Delta t_{r_2}/\Delta t_{r_1} = [(1+U(r_2)/c^2)\Delta t]/[(1+U(r_1)/c^2)\Delta t] \iff \Delta t_{r_2}/\Delta t_{r_1} = (1+U(r_2)/c^2)/(1+U(r_1)/c^2)$ b) $\Delta t_{r_2}/\Delta t_{r_1} = (1+U(r_2)/c^2)(1+U(r_1)/c^2)^{-1} \iff \Delta t_{r_2}/\Delta t_{r_1} \approx (1+U(r_2)/c^2)(1-U(r_1)/c^2) \iff \Delta t_{r_2}/\Delta t_{r_1} = 1+[(U(r_2)-U(r_1))/c^2]$ **6.4** Considerando $U_1 = U(r)(r_1 = r)$ e $U_2 = 0(r_2 = \infty)$: $\Delta L = (1-(-U(r))/c^2)\Delta L_r \iff \Delta L_r = \Delta L/(1+U(r)/c^2)$ **6.5** a) $\Delta L_{r_2}/\Delta L_{r_1} = [\Delta L/(1+U(r_2)/c^2)]/[\Delta L/(1+U(r_1)/c^2)] \iff \Delta L_{r_2}/\Delta L_{r_1} = (1+U(r_1)/c^2)/(1+U(r_2)/c^2)$ b) $\Delta L_{r_2}/\Delta L_{r_1} = (1+U(r_1)/c^2)(1+U(r_2)/c^2)^{-1} \iff \Delta L_{r_2}/\Delta L_{r_1} \approx (1+U(r_1)/c^2)(1-U(r_2)/c^2) \iff \Delta L_{r_2}/\Delta L_{r_1} = 1-(U(r_2)-U(r_1))/c^2$ **6.6** Para $\Delta r = 0$ (eventos no mesmo ponto): $\Delta s^2 = -c^2(1+U(r)/c^2)^2\Delta t^2$; Para $\Delta t = 0$ (eventos simultâneos): $\Delta t^2 = \Delta r^2/[(1+U(r)/c^2)^2]$ **6.7** $-c^2(1+U(r)/c^2)^2\Delta t^2 + \Delta r^2/[(1+U(r)/c^2)^2] = 0 \iff \Delta r^2/\Delta t^2 = c^2(1+U(r)/c^2)^4 \iff c(r) = c(1+U(r)/c^2)^2$ **6.8** a) $c_2/c_1 = [c(1+U(r_2)/c^2)^2]/[c(1+U(r_1)/c^2)^2] \iff c_2/c_1 = [(1+U(r_2)/c^2)/(1+U(r_1)/c^2)]^2$ b) $(c_2/c_1)^{1/2} = (1+U(r_2)/c^2)/(1+U(r_1)/c^2) \iff (c_2/c_1)^{1/2} = (1+U(r_2)/c^2)(1-U(r_1)/c^2) \iff c_2 = c_1[1+(U(r_2)-U(r_1))/c^2]^2$ **6.9** $(1+U(r)/c^2)^2 \approx 1+2U(r)/c^2 \to \Delta s^2 = -c^2(1+2U(r)/c^2)\Delta t^2 + \Delta r^2/(1+2U(r)/c^2)$ **6.10** Sendo $U(r) = -GM/r$: $U(r)c^2 = -1/2 \iff GM/rc^2 = 1/2 \iff r_S = 2GM/c^2$ **6.11** a) Sol: $2,95.10^3\,m$; Terra: $8,86.10^{-3}\,m$; Sagittarius A*: $1,21.10^{10}\,m$ b) Análise dimensional: $r_S = 2GM/c^2 \to [r_S] = (L^3M^{-1}T^{-2}M^1)/(L^2T^{-2}) \to [r_S] = L^1$ **6.12** Tomando $U(r) = -GM/r$ e $r_S = 2GM/c^2$: $2U(r)/c^2 = -r_S/r \to \Delta s^2 = -c^2(1-r_S/r)\Delta t^2 + \Delta r^2/(1-r_S/r)$ **6.13** $-c^2(1-r_S/r)\Delta t^2 + \Delta r^2/(1-r_S/r) = 0 \iff \Delta r^2/\Delta t^2 = [c(r)]^2 = c^2(1-r_S/r)^2$ **6.14** $c^2\Delta t_{queda}^2 = (1-r_S/r)c^2\Delta t_A^2 - \Delta r^2/(1-r_S/r) \iff (\Delta r/\Delta t_{queda})^2 = (1-r_S/r)^2c^2(\Delta t_A/\Delta t_{queda})^2 - c^2(1-r_S/r)$ **6.15** $\Delta t_A/\Delta t_{queda} = (1-r_S/r)^{-1} \iff (\Delta r/\Delta t_{queda})^2 = c^2 r_S/r \iff \Delta r/\Delta t_{queda} = \pm c\sqrt{r_S/r}$ **6.16** a) Para $r_f = 0$ (centro do buraco negro) e $r_i = r_S$ (horizonte de eventos): $T = (2r_S/3c)(1^{3/2} - 0^{3/2}) \to T = 2r_S/3c$ b) Terra: $1,97.10^{-11}\,s$; Sol: $6,56.10^{-6}\,s$; Sagittarius A*: $26,9\,s$ **6.17** Tomando $r_f = r_i + \Delta r$: $T = (2r_S/3c)[(r_i/r_S)^{3/2}(1-(1+\Delta r/r_i)^{3/2})] \to (1+\Delta r/r_i)^{3/2} \approx 1+3\Delta r/2r_i \to T = -(\Delta r/c)\sqrt{r_i/r_S}$ **6.18** Tomando as relações entre os intervalos de tempo e comprimentos medidos por Alice (parada no infinito) e Bob (parado a uma distância r do centro): $\Delta t_B = \Delta t_A\sqrt{1-r_S/r}$ e $\Delta r_B = \Delta r_A/\sqrt{1-r_S/r}$; Bob está a uma velocidade menor que zero: $v = -c\sqrt{r_S/r} \iff \gamma(v) = 1/\sqrt{1-r_S/r} \iff \Delta t_{queda} = \Delta t_A + \sqrt{r_S/r}[\Delta r/c(1-r_S/r)]$ **6.19** $\Delta s^2 = c^2(1-r_S/r)[\Delta t_{queda} - \sqrt{r_S/r}(\Delta r/c(1-r_S/r))]^2 - \Delta r^2/(1-r_S/r) \iff \Delta s^2 = (1-r_S/r)c^2\Delta t_{queda}^2 - 2c\sqrt{r_S/r}\Delta t_{queda}\Delta r -$

Δr^2 (Métrica de Doran) **6.20** a) Tomando $\Delta s^2 = 0$ na métrica de Doran e dividindo todas as parcelas por Δt_{queda}^2: $(\Delta r/\Delta t_{queda})^2 + 2c\sqrt{r_S/r}(\Delta r/\Delta t_{queda}) - (1-r_S/r)c^2 = 0$ b) Soluções da equação quadrática: $\Delta r/\Delta t_{queda} = -c\sqrt{r_S/r} \pm c$ **6.21** Tomando $c_- = -c\sqrt{r_S/r} - c$: a) Para $r > r_S$ (r, r_S e c são maiores que zero): $r_S < r \iff 0 < \sqrt{r_S/r} < 1 \to -c < -c\sqrt{r_S/r} < 0 \iff -2c < -c\sqrt{r_S/r} - c < -c \to -2c < c_- < -c$ Uma vez que $-c < 0$, logo $c_- < 0$. b) Para $r < r_S$: $r_S > r \iff \sqrt{r_S/r} > 1 \iff -c\sqrt{r_S/r} < -c \iff -c\sqrt{r_S/r} - c < -2c \to c_- < -2c$ Uma vez que $-2c < 0$, logo $c_- < 0$. **6.22** Tomando $c_+ = -c\sqrt{r_S/r} + c$: a) Para $r > r_S$: $r > r_S \iff \sqrt{r_S/r} < 1 \iff -c\sqrt{r_S/r} > -c \iff -c\sqrt{r_S/r} + c > 0 \iff c_+ > 0$. b) Para $r < r_S$: $r < r_S \iff \sqrt{r_S/r} > 1 \iff -c\sqrt{r_S/r} < -c \iff -c\sqrt{r_S/r} + c < 0 \iff c_+ < 0$.

Referências

[1] S. V. Rovighi. **História da filosofia moderna**: da revolução cientifica a Hegel. São Paulo: Loyola, 1999.

[2] J. Hafele. Relativistic Behaviour of Moving Terrestrial Clocks. **Nature** 227, 270–271, 1970. Disponível em: https://doi.org/10.1038/227270a0. Acesso em: 10/03/2023.

[3] C. M. Porto. A história do problema das colisões na física do século XVII anterior a Newton. **Revista Brasileira de Ensino de Física**, v. 42, 2020. Disponível em: https://doi.org/10.1590/1806-9126-RBEF-2020-0004. Acesso em: 19/02/2022.

[4] A. P. French. **Special Relativity**. CRC Press, 1. ed., 1968. Disponível em: https://doi.org/10.1201/9781315272597. Acesso em: 10/03/2023.

[5] A. Einstein. **A Teoria da Relatividade Especial e Geral**, 1961.

[6] Machado, A.C.B., Pleitez, V. e Tijero, M.C. Usando a antimatéria na medicina moderna. **Revista Brasileira de Ensino de Física**. v. 28, n. 4, 407-416, 2006. Disponível em: https://doi.org/10.1590/S1806-11172006000400001. Acesso em: 11/04/2022.

[7] E. Hecht. How Einstein confirmed $E_0=mc^2$, **American Journal of Physics**, 79, 591-600, 2011. Disponível em: https://doi.org/10.1119/1.3549223.

[8] A. Pais. **Sutil é o Senhor**: a ciência e a vida de Albert Einstein, Editora Nova Fronteira, Rio de Janeiro, 1995.

[9] H. César, L. Pompeia, J. Pedro e N. Studart. A deflexão gravitacional da luz: De Newton a Einstein. **Revista Brasileira de Ensino de Física**, v. 41, 2019. Disponível em: https://doi.org/10.1590/1806-9126-RBEF-2019-0238. Acesso em 7/6/2022.

[10] S. Chandrasekhar. On the "Derivation" of Einstein's Field Equations, **American Journal of Physics** 40, 224-234, 1972. Disponível em: https://doi.org/10.1119/1.1986496. Acesso em: 10/03/2023.

[11] P.Langevin. **Scientia 10**, 31-54, 1911.

[12] H. Dingler. The 'Clock Paradox' of Relativity, **Nature** 179, 1242–1243, 1957.

[13] R. Shuler Jr. The Twins Clock Paradox History and Perspectives, **Journal of Modern Physics**, v. 5 n. 12, 2014.

[14] E. F. Taylor and J. A. Wheeler. **Spacetime physics:** Introduction to special relativity, New York: Freeman, 2002.

[15] R. H. Romer. Twin Paradox in Special Relativity, **American Journal of Physics** 27, 131-135, 1959. Disponível em: https://doi.org/10.1119/1.1934783. Acesso em: 10/03/2023.

[16] G. Alencar, J. Macedo, L. Maranhão, P. Carneiro, M. Vaz. **Paradoxos da Relatividade**, no prelo.